AF331127

MINISTÈRE DE L'INTÉRIEUR.

BÂTIMENS CIVILS.

CONDITIONS GÉNÉRALES

POUR MESURER

TOUS LES OUVRAGES DE CONSTRUCTIONS

DES

BÂTIMENS CIVILS,

SANS USAGES.

Avec les Devis des Prix pour le Réglement des Mémoires.

A PARIS,

De l'Imprimerie des Sourds-Muets, rue et faubourg Saint-Jacques, n°. 115.

VENDÉMIAIRE AN X.

MINISTÈRE DE L'INTÉRIEUR.

BÂTIMENS CIVILS.

Conditions générales pour mesurer tous les Ouvrages de construction des Bâtimens civils, sans usages.

SAVOIR:

MAÇONNERIE.

Tous les murs en général, tant en pierre qu'en moellon, de quelques constructions et épaisseurs qu'ils soient, seront mesurés suivant leur existence réelle en œuvre, sans usages, tous vides déduits. Le surplus du cube restant sera calculé et réduit au mètre superficiel et cubique, en distinguant les différentes natures de construction, et timbré *idem.*

Les fermetures des baies de portes et de croisées, soit en pierre ou en moellon, seront mesurées dans la superficie des claveaux qui les composent ; elles seront aussi calculées et réduites au mètre cubique, et timbrées en plus-valeur sur mur plan droit, suivant leurs différentes constructions.

Il en sera de même pour les arcs plein-cintre ou surbaissés.

Les colonnes seront mesurées suivant leur existence réelle en œuvre ; les tambours seront mesurés séparément des bases et des chapiteaux ; leur diamètre en œuvre formera leur carré ; le tout

A

calculé et réduit au mètre cubique, mais avec timbre particulier.

Les marches, seuils, dalles et appuis, seront mesurés de leur longueur sur leur largeur et épaisseur, calculées et réduites au mètre cubique; ils seront timbrés comme murs ordinaires, quoique la pose soit plus difficile, et que le coulis consomme plus de plâtre; ces plus-valeurs étant compensées par les tailles développées. — *au dessus de 15 centimètres d'épaisseur*

Tous les murs en pierre par assises réglées et de bas appareil, seront mesurés comme les autres, tous vides déduits, avec timbres particuliers.

Toutes les voûtes, soit en pierre, moellon ou brique, de quelque forme qu'elles soient, seront mesurées géométriquement par l'intérieur de leurs douelles, tous vides déduits, réduites au mètre cubique et timbrées comme voûtes, suivant leurs différentes formes et nature de matériaux.

Les reins desdites voûtes ne seront plus confondus dans leur mesurage; ils en seront séparés et réduits au mètre cubique, comme cube massif sans parement.

TAILLE DES PAREMENS AU MÈTRE SUPERFICIEL.

Observation sur la taille des différentes natures de pierre.

Dans chaque nature de pierre, il y a trois tailles différentes, savoir :

Celle des paremens sans lits ni joints, et sans ragrément.

Celle des paremens avec ragrément.

Le prix de toutes les autres tailles, non susceptibles de lits et joints (telles que les moulures d'architecture, trous, entailles et autres), sera différent, mais il ne sera point ajouté de ragrément.

La taille des paremens droits sur les murs, de quelque qualité de pierre qu'ils soient, sera mesurée suivant son existence en œuvre, tous vides déduits ; mais il ne sera rien compté à la rencontre des murs, ni derrière les reins des voûtes.

La taille de l'intérieur des baies sera pour-tournée en trois sens sur l'épaisseur des murs ; les feuillures seront comptées séparément, savoir : les feuillures simples, sur quinze centimètres courant, et les feuillures avec ébrasemens, sur trente centimètres courans, sans plus-valeurs d'arêtes aux angles.

La taille circulaire, tant sur les murs circulaires que sur les voûtes, sera pour-tournée et timbrée séparément de celle des paremens droits, tous vides déduits ; celle des tambours des colonnes sera aussi timbrée séparément de celle des murs circulaires.

Les saillies d'arêtes d'avant-corps ou pilastres, et arrière-corps saillans du nu des murs, jusqu'à quinze centimètres de saillie ; celles des bandeaux simples, tables saillantes ou renfoncées, les retraites, lorsqu'elles seront évidées, tant en pierre qu'en moellon, seront mesurées au mètre linéaire, sur quinze centimètres courant ou de profil, sans aucune plus-valeur pour les angles saillans et rentrans.

Dans les voûtes, les arêtiers des lunettes et autres, ne seront point comptés comme voûtes, mais pour-tournés au mètre linéaire, et comptés sur trente centimètres courans de taille, s'ils sont en pierre ; et de même en léger, s'ils sont en moellon.

Toutes les moulures d'architecture, savoir, celles des entablemens, seront mesurées au milieu de la hauteur desdits entablemens ; chaque membre desdites moulures sera compté sur quinze centimètres de profil.

Les trous en pierre de toute nature pour le scellement des pates de croisées, chambranles, tampons pour attacher les menuiseries et autres petits scellemens, seront comptés chacun pour cinq centimètres de surface.

Ceux en pierre pour gonds, gâches, solives ordinaires, pannes,

A 2

(4)

faîtages et autres de même espèce, seront comptés pour un décimètre de surface.

Les autres trous au-dessus de vingt centimètres carrés et de
vingt centimètres de profondeur et au-dessus, seront calculés,
réduits au mètre cubique, et timbrés *idem*.

Les tranchées tant en pierre qu'en moellon, pour barre de
linteaux et autres, seront comptées de leur longueur sur trente
centimètres courant de taille, si elles sont en pierre; et en léger,
si elles sont en moellon.

Ravalemens en pierre sur vieux mur, mesurés au mètre
superficiel.

Ces ravalemens sont de deux espèces; les uns sont faits à
la ripe, les autres sont recoupés sur les anciens paremens.

Ceux où il y aura recoupement d'environ onze à treize millimètres d'épaisseur, seront payés, compris échafauds et rejointoiemens, à raison de deux tiers de la valeur de leur
taille.

Le prix de ceux faits à la ripe, sera du sixième du prix de
la taille, compris rejointoiement; mais on y ajoutera les échafauds, qui seront estimés au sixième du prix des légers ouvrages.

Evidemens d'angles en pierre, et refouillemens au mètre
cubique.

Les évidemens simples et ceux avec déchet de pierre, quand
il en existera, seront mesurés, leurs hauteurs sur leurs largeurs
réduites, aux harpes et suivant la saillie des corps.

On ne comptera point de doubles tailles au droit desdits
évidemens.

Les refouillemens faits à la masse et au poinçon sur le tas,
seront mesurés *idem* au mètre cubique, et timbrés séparément.

Percemens de mur.

1°. La démolition de mur sera comptée dans toute la capacité du percement , et les tranchées des deux côtés pour le revêtissement des linteaux.

2°. La reconstruction dudit mur sera mesurée suivant son existence réelle en œuvre , tous vides déduits , le surplus sera réduit au mètre cubique et timbré comme mur en reprise moellon neuf ; mais le moellon provenant de la démolition, sera donné en compte à l'entrepreneur.

Paremens de moellon piqué et essemillé.

La plus-valeur des paremens de moellon piqué et ceux essemillés seront mesurés au mètre superficiel, suivant leur existence en œuvre, tous vides déduits.

Les légers ouvrages en plâtre seront mesurés au mètre superficiel, et réduits, comme ci-devant, suivant leurs différentes constructions.

Fouilles de terres.

Toutes les fouilles en général seront mesurées et réduites au mètre cubique, suivant leurs différentes natures.

DEVIS DES PRIX DE MAÇONNERIE.

S A V O I R :

Libages en pierre dure.

Le mètre cube de libage en pierre dure sous les murs en fondation, avec taille des lits et joints, sera payé . . . . . . _ 48ˢ——oo

Pour les 6 derniers mois de l'an 9

Pierre dure franche, dite ordinaire.

Le mètre cube de mur en pierre dure franche, dite ordinaire, sur plan droit, sans paremens, mais avec taille des lits et joints compris, sera payé 60

Le mètre cube de mur en même pierre, mais en reprise sous œuvre, sera payé . . . . 63 — 50

Le mètre cube de mur en même pierre, sur plan circulaire des deux côtés, sans paremens, mais avec taille des lits et joints, sera payé 65

Le mètre cube de mur en même pierre, sur plan droit d'un côté, et circulaire de l'autre, sans paremens, mais compris taille des lits et joints, sera payé 62 50

Le mètre cube de fermeture ou plate-bande de porte et croisée, avec claveaux taillés en coupes, extradossés de niveau par-dessus, et avec taille des lits et joints, sera payé 71

Pierre dure d'Arcueil, par assises réglées de bas appareil.

Le mètre cube de mur en pierre dure d'Arcueil, par assises réglées de bas appareil sur plan droit, sans paremens, mais compris la taille des lits et joints, sera payé 65

Le mètre cube de mur, en même pierre, sur plan circulaire des deux côtés, sera payé 68

Le mètre cube de mur, en même pierre, sur plan droit d'un côté, et circulaire de l'autre, sera payé . . . . 66 — 50

Le mètre cube de fermeture de plate-bande de porte ou de croisée, avec claveaux en coupes, extradossés de niveau par-dessus, sans paremens, mais compris taille des lits et joints, sera payé 74

Le mètre cube de même pierre pour colonnes, compris les lits, sera payé 67

(7)

Voûtes en pierre dure d'Arcueil.

Le mètre cube de voûte en berceau plein - cintre, ou surbaissé , en pierre dure d'Arcueil, compris lits et joints, sera
payé. . . . .

Le mètre cube de voûte d'arête plein-cintre, ou surbaissé,
en même pierre , sera payé . . . .

Marches , dalles , seuils et appuis en pierre dure d'Arcueil.

Le mètre cube de marches , dalles, seuils et appuis en pierre
dure d'Arcueil, jusqu'à quinze centimètres d'épaisseur, sera
payé. . . . .

*Tailles des paremens de pierre dure d'Arcueil , déduction
faite des lits et joints déjà comptés dans le mètre cube.*

Le mètre de surface de paremens de pierre dure d'Arcueil,
sans ragrément, sera payé. . . . .

Et avec ragrément . . . .

Les tailles faites pour les moulures d'architecture , trous et
entailles , etc.. . . . .

Refouillemens en pierre dure.

Le mètre cube d'évidemens d'angles faits sur le chantier ,
sera payé. . . . .

Le mètre cube de refouillemens faits sur place , à la masse
et au poinçon, sera payé . . . .

Le mètre cube de refouillemens et déchet, sera payé . . .

(8)

Pierre dure fine d'Arcueil ou de Bagneux, dite banc franc ;
de bas appareil.

Le mètre cube de mur en pierre dure fine sur plan droit, avec
taille des lits et joints, sera payé 65

Le mètre cube de mur, en même pierre, sur plan circulaire
des deux côtés, sera payé 73

Le mètre cube de mur, en même pierre, sur plan circulaire
d'un côté et droit de l'autre, sera payé 71

Le mètre cube de fermeture avec claveaux et en même pierre,
sera payé 78

Le mètre cube, de même pierre, pour colonnes, sera payé 72

Marches, dalles et appuis, en pierre dure fine, jusqu'à
quinze centimètres d'épaisseur.

Le mètre cube de marches, dalles et appuis, en pierre dure
fine, jusqu'à quinze centimètres d'épaisseur, sera payé . 71

Tailles des paremens de pierre dure fine, déduction faite
des lits et joints.

Le mètre de surface de paremens de pierre dure fine, déduction faite des lits et joints, sans ragrément, sera payé 3

Et avec ragrément. 3 10

Le mètre de surface de taille, de moulure d'architecture,
trous et entailles, sera payé 5 66

Refouillemens en pierre dure fine.

Le mètre cube de refouillemens pour évidemens d'angles,
en pierre dure fine, et faits sur le chantier, sera payé . 38 50

Le mètre cube de refouillemens en pierre dure fine, faits sur
place, à la masse et au poinçon, sera payé 57 80

Le

Le mètre cube de refouillemens et déchet, en pierre dure fine, sera payé . . . . — 86f 70c

Pierre de roche du fonds de Bagneux.
dite ordinaire

Le mètre cube de pierre de roche , sur plan droit sans paremens, mais avec taille des lits et joints , sera payé . . . — 61 — 20

Le mètre cube de mur en même pierre, sur plan circulaire des deux côtés, sans paremens , mais avec taille des lits et joints, sera payé. . . . . — 65 — 90

Le mètre cube de mur en même pierre, sur plan droit d'un côté et circulaire de l'autre, sans paremens, mais avec taille des lits et joints, sera payé . . . . — 63 — 65

Le mètre cube de fermeture en claveaux de pierre de roche, sera payé. . . . . — 73 — 0

Voûtes en pierre de roche.

Le mètre cube de voûte en pierre de roche, en plein-cintre ou surbaissée , sera payé . . . . — 65 — 90

Marches, dalles et seuils en pierre de roche.

Le mètre cube de dalles, marches et seuils en pierre de roche, jusqu'à dix centimètres d'épaisseur, sera payé . . — 66 — 25

Tailles des paremens de pierre de roche, déduction faite des lits et joints.

Le mètre de surface de paremens de pierre de roche, sans ragrément, sera payé . . . . 3 — 85
Et avec ragrément. . . . . 4 — 75
Le mètre de surface de taille pour moulures , trous et entailles , sera payé . . . . — 6 — 30

B

Refouillemens en Pierre de roche ordinaire

Le mètre cube de refouillemens et évidemens d'angle en Pierre de roche faits sur le chantier — — — — — — 42 — 00

Refouillemens faits sur plan à la masse et au poinçon 63 95

Refouillemens avec Déchet — — — — — — — — — — 85 00

Le mètre cube de pierre de Roche du Val de Meudon 64ᶠ 30

Taille de roche du Val-de-Meudon.

Le mètre de surface de paremens de pierre de roche du Val-de-Meudon, déduction faite des lits et joints, sans ra-grément, sera payé. . . . . 4 — 55

    Et avec ragrément . . . . 5 — 60

    Et pour moulures d'architecture, trous et entailles. . . . . . 7 — 40

Refouillemens en pierre de roche.

Du Val de meudon

Le mètre cube de refouillemens et évidemens d'angles, faits sur le chantier, sera payé . . . . 55 — 55

Le mètre cube de refouillemens, faits sur place, à la masse et au poinçon, sera payé . . . . 78 — 85

Le mètre cube de refouillemens avec déchet, sera payé . . . 95 — 50

Pierre de liais de bas appareil.

Le mètre cube de mur en pierre de liais de bas appareil, sur plan droit, sans paremens, mais avec taille des lits et joints, sera payé. . . . . 90 — 50

Le mètre cube de mur en même pierre, sur plan circulaire des deux côtés, sans paremens, mais avec taille des lits et joints, sera payé. . . . . 91 —

Le mètre cube de mur en même pierre, sur plan droit d'un côté et circulaire de l'autre, sans paremens, mais avec taille des lits et joints, sera payé . . . . 93 — 75

Le mètre cube de même pierre, pour fermeture en claveaux, sans paremens, mais avec lits et joints, sera payé 103 60

Le mètre cube de même pierre, pour colonnes, avec les lits, sera payé 960 40

Marches, dalles, seuils et appuis en pierre de liais.

Le mètre cube de marches, dalles, seuils et appuis, jusqu'à dix centimètres d'épaisseur, sera payé. . . . .

Taille des paremens de pierre de liais, déduction faite des lits et joints.

Le mètre de surface de paremens de pierre de liais, sans ragrément, sera payé. . . . .

Et avec ragrément. . . . .

Pour moulures d'architecture, trous et entailles. . . . .

Refouillemens en pierre de liais.

Le mètre cube de refouillemens et évidemens en pierre de liais, faits sur le chantier, sera payé . . . .

Le mètre cube de refouillemens en pierre de liais, faits sur place, à la masse et au poinçon, sera payé. . . . .

Le mètre cube de refouillemens et déchet en pierre de liais, sera payé. . . . .

Pierre de Conflans, par assises réglées de bas appareil.

Le mètre cube de mur en pierre de Conflans, par assises réglées de bas appareil, sur plan droit, sans paremens, mais avec taille des lits et joints, sera payé. . . . .

Le mètre cube de mur en même pierre, sur plan circulaire des deux côtés, sans paremens, mais avec taille des lits et joints, sera payé. . . . .

Le mètre cube de mur en même pierre, sur plan circulaire d'un côté, et droit de l'autre, sans paremens, mais avec taille des lits et joints, sera payé . . . .

Le mètre cube de plate-bandes, ou fermetures en claveaux en

même pierre, sans paremens, mais avec taille des lits et joints, sera payé . . . .

Le mètre cube de même pierre pour colonnes, compris les lits, sera payé . . . .

Voûtes en pierre de Conflans.

Le mètre cube de voûte plein-cintre ou surbaissée, sera payé . . . .

Le mètre cube de voûte d'arête en même pierre, sera payé . . . .

Taille des paremens de pierre de Conflans, déduction faite des lits et joints.

Le mètre de surface de taille de paremens de pierre de Conflans, déduction faite des lits et joints, sans ragrément, sera payé . . . .

Et avec ragrément . . . .

Pour moulures d'architecture, trous et entailles . . . . .

Refouillemens en pierre de Conflans.

Le mètre cube de refouillemens et évidemens faits sur le chantier, sera payé . . . .

Le mètre cube de refouillemens en même pierre, faits sur place, à la masse et au poinçon, sera payé . . . .

Le mètre cube d'évidemens et déchet, en même pierre, sera payé . . . .

Pierre de Lambourde. _De St maur_

Le mètre cube de mur en pierre de Lambourde, sans paremens, mais avec taille des lits et joints, sera payé . . .

Le mètre cube en même pierre, sur plan circulaire des deux

côtés, sans paremens, mais avec taille des lits et joints, sera
payé. . . . . — — — 57 — 50

Le mètre cube de mur en même pierre, sur plan circulaire
d'un côté, et droit de l'autre, sans paremens, mais avec taille
des lits et joints, sera payé. . . . . — — 55 — 25

Le mètre cube de fermeture ou plate-bandes en claveaux,
sans paremens, mais avec taille des lits et joints, sera payé — — 63 — —

Le mètre cube de même pierre pour colonnes, sans paremens,
mais compris les lits, sera payé. . . . . — — 59 — 25

Le mètre cube de voûte en berceau plein-cintre ou surbaissée, sera payé. . . . . — — 57 — 50

Taille des paremens de pierre de Lambourde, déduction faite des lits et joints.

Le mètre de surface de paremens en pierre de Lambourde,
sans ragrément, sera payé. . . . . — — 1 — 62

Et avec ragrément . . . . — — 2 — —

Le mètre de surface de taille de même pierre, pour moulures
d'architecture, trous et entailles, sera payé . . . . — 2 — 65

Refouillemens en pierre de Lambourde.

Le mètre cube de refouillemens pour évidemens d'angles
faits sur le chantier, sera payé. . . . . — — 21 — 90

Le mètre cube de refouillemens faits sur place, à la masse et
au poinçon, sera payé . . . . — — 33 — —

Le mètre cube de refouillemens et déchet, sera payé. . — — 59 — 30

Pierre de Vergelé.

Le mètre cube de mur en pierre de Vergelé, sans paremens,
mais avec taille des lits et joints, sera payé . . . . . — — 53 — 30

Le mètre cube de mur en même pierre, sur plan circulaire

des deux côtés, sans paremens, mais avec taille des lits et joints, sera payé . . . . — 57 — 25

Le mètre cube de mur en même pierre, sur plan circulaire d'un côté, et droit de l'autre, sans paremens, mais avec taille des lits et joints, sera payé. . . . . — 55 — 55

Le mètre cube pour plate-bandes ou fermetures en claveaux en même pierre, sans paremens, mais avec taille des lits et joints, sera payé . . . . — 63 — 20

Le mètre cube de même pierre pour colonnes, compris les lits, sera payé. . . . . — 59 — 50

Le mètre cube de voûte en plein-cintre ou surbaissée, sera payé . . . . — 57 — 75

Taille des paremens de pierre de Vergelé, déduction faite des lits et joints.

Le mètre de surface de paremens de pierre de Vergelé, déduction faite des lits et joints, et sans ragrément, sera payé . . . . — 1 — 80

Et avec ragrément . . . . — 2 — 25

Pour moulures d'architecture, trous et entailles. . . . . — 2 — 90

Refouillemens en pierre de Vergelé.

Le mètre cube de refouillemens et évidemens d'angles, faits sur le chantier, sera payé. . . . . — 23 — 40

Le mètre cube de refouillemens faits sur place, à la masse et au poinçon, sera payé . . . . — 35 — —

Le mètre cube de refouillemens en pierre de Vergelé, avec déchet, sera payé . . . . — 60 — 75

Pierre de Saint-Leu.

Le mètre cube de mur en appareil ordinaire, en pierre de Saint-Leu, sans paremens, mais avec taille des lits et joints, sera payé. . . . . — 52 — 50

Le mètre cube de mur en même pierre, sur plan circulaire des deux côtés, sans paremens, mais avec taille des lits et joints, sera payé . . . . 56 — 95

Le mètre cube de mur en même pierre, sur plan circulaire d'un côté, et droit de l'autre, sera payé . . . . 54 — 70

Le mètre cube de plate-bandes ou fermetures en claveaux en même pierre, sans paremens, mais avec taille des lits et joints, sera payé . . . . 62 — 15

Le mètre cube de voûte en plein-cintre ou surbaissée, en même pierre, sera payé . . . . 56 — 95

Le mètre cube de même pierre pour colonnes, sera payé . . . 58 — 70

Taille des paremens de pierre de Saint-Leu, déduction faite des lits et joints.

Le mètre de surface de taille de paremens de pierre de Saint-Leu, sans ragrément, et déduction faite des lits et joints, sera payé . . . . 1 — 40

Et avec ragrément. . . . . 1 — 75

Et pour moulures d'architecture, trous et entailles. . . . . 2 — 25

Refouillemens en pierre de Saint-Leu.

Le mètre cube de refouillemens et évidemens d'angles, faits sur le chantier, sera payé . . . . 17 — 50

Le mètre cube de refouillemens faits à la masse et au poinçon, sur place, sera payé . . . . 26 — 30

Le mètre cube de refouillemens et déchet, en même pierre, sera payé . . . . 54 — 61.

OUVRAGES EN MOELLON DUR.

Le mètre cube de massif, en moellon hourdé, en mortier de chaux et sable, ou en plâtre, sans aucun parement, sera payé . . . . 15 — 25

Le mètre cube de mur en moellon, en fondation, élevé entre deux lignes, depuis l'empatement du rez-de-chaussée et en contre-bas, sera payé. . . . . 16 — 75

Le mètre cube de mur en moellon, en élévation, depuis l'empatement du rez-de-chaussée et au-dessus, sera payé. 17 — 40

Le mètre cube de mur en moellon et plâtre, en reprise sous œuvre, sera payé. . . . . 18 — 10

Le mètre cube de mur en moellon choisi, hourdé à bain de plâtre ou mortier, de chaux et sable, pour fosse d'aisance, sera payé. 18 25

Le mètre cube de mur en moellon, hourdé à bain de plâtre ou mortier, de chaux et sable, en reprise pour fosse, sera payé. . . . . 20 — 0

Voûtes en moellon.

Le mètre cube de voûtes en berceau, construites en moellon et mortier, de chaux et sable, ou plâtre, (dont les reins seront demandés séparément, et comptés comme cube massif sans parement) et non compris les cintres, sera payé . 18 — 25

Le mètre cube de voûtes sphériques, de même construction que celles ci-dessus, sera payé 20 60

Percemens de murs en moellon et plâtre.

Le mètre cube de percemens de murs en moellon et plâtre, avec reprise des jambages et revêtissement des linteaux, sera payé. 18 10

Murs en plâtras et plâtre, en élévation.

Le mètre cube de murs en plâtras et plâtre, fourni par l'entrepreneur, sera payé. . . . . 12 — 15

Le mètre cube de mur en vieux plâtras et plâtre, sera payé. 8 — 60

Paremens

*Paremens de moellon piqués et essemillés , en plus-valeur
sur mur.*

Le mètre de surface de paremens de moellon piqué, sera
payé   1   85

Le mètre de surface de paremens circulaire de moellon piqué,
sera payé.   2   30

Le mètre de surface de paremens essemillé, sera payé. .   o   95

Le mètre de surface de paremens de moellon essemillé circulaire, sera payé.   1   20

Les enduits crépis et rejointoiemens sur les paremens desdits
murs, seront demandés séparément et comptés comme il est ci-devant dit aux articles qui les concernent : ci, pour observations

Brique de Bourgogne.

Le mètre cube de brique de Bourgogne pour languettes de
cheminées ou autres, sera payé.   11

Le mètre cube de voûte en brique de Bourgogne, sera
payé.   15   o

Brique de pays.

Le mètre cube de brique de pays des environs de Paris, hon-
dée en plâtre, pour languettes de cheminées et autres ouvrages,
sera payé.   51   o

Le mètre cube de voûte en même brique, sera payé. .   55   o

Légers ouvrages en plâtre.

Le mètre de surface de légers ouvrages en plâtre, sera
payé.   3   15

C

TERRASSES.

Fouille de terre ordinaire, jusqu'à deux mètres de profondeur, jetée sur berge seulement.

Le mètre cube de fouille de terre jetée sur berge seulement, sera payé. 0 50

Le mètre cube de terre entremêlée de gravois , fait à la pioche jusqu'à deux mètres de profondeur, sera payé. . . . 0 65

Le mètre cube de fouille de tuf dur , fait à la pioche jusqu'à deux mètres de profondeur, sera payé. 0 95

Banquettes.

Les banquettes ou jetées de deux mètres en deux mètres , en contre-bas de la première fouille, seront payées, par mètre cube 0 25

Remblais.

Le mètre cube de remblais de terre de toute nature, sera payé. 0 30

Lorsque les terres jetées sur berge seront rechargées une seconde fois dans des brouettes ou camions, il sera ajouté au prix du mètre, la somme de. 0 20

Relais pour les transports de terre à la brouette , lesquels sont fixés à vingt mètres de distance.

Le mètre cube de terre pour relais sur un terrain de niveau, sera payé, chaque relai. 0 05

Le mètre cube de terre déposée en cavalier , chaque relai sera payé. 0 10

Le mètre cube d'enlèvement de terre aux décharges publiques, sera payé. 2 05

JOURNÉES D'OUVRIERS, COMPRIS BÉNÉFICE.

De tailleur de pierre.	3 — 0
De maçon.	3 — 0
De limosin.	2 — 30
De garçon	1 — 45
De poseur.	3 — 50
De terrassier.	2 — 30
Voie de gravois ordinaire	2 — .
Voie de gravois avec hausses.	3 — 0

CHARPENTE.

Tous les bois de charpente seront mesurés au mètre, de leur longueur et grosseur, sans rien ajouter aux mesures.

Les levées, à compter d'un mètre de long et de cinq centimètres d'épaisseur, seront déduites.

Quand il n'y aura que la feuillure ordinaire des poteaux d'huisserie et de lucarne, elle ne sera pas comptée séparément, ces bois étant considérés comme refaits.

Les feuillures en plus pourront être comptées.

Les trous de boulons seront alloués séparément.

Mais les trous de chevillettes pour attacher les plats-bords, lambourdes, etc., ne seront point alloués, parce que cela tient à la pose desdits bois.

Les mortoises, tenons, coupemens et entailles faites sur place pour se raccorder avec les anciennes charpentes, seront comptés séparément.

D'après cet exposé, toutes les différentes espèces de charpente seront classées, ainsi que les prix ci-dessous l'indiquent.

Prix des ouvrages de charpente mesurés au mètre, sans usages, pour les bâtimens civils, pendant les. 6 Derniers mois de l'an 9

Bois neuf ordinaire.

Le mètre cube de bois neuf ordinaire sera payé. . . .	—	81ᶠ — 00
Idem, de sciage.	—	85 — 75
Idem, refait pour poteaux d'huisserie et de lucarne. .	—	91 — 50

Bois neuf, seconde qualité, depuis trente-deux centimètres jusqu'à trente-huit centimètres de gros, et de sept à huit mètres de long.

Le mètre cube de bois dit de la seconde qualité, sera payé = 103f 40c
Idem, de sciage. 108 25
Idem, refait. 114 30
Idem, refait pour escalier 117 60

Bois neuf de la première qualité, en longueur et grosseur, depuis quarante centimètres jusques et compris cinquante centimètres de gros, et de huit, dix et douze mètres de long.

Le mètre cube de bois dit de la première qualité, sera payé 128 70
Idem, de sciage 133 55
Idem, refait. 140 0
Idem, refait pour escalier 143 30

Vieux bois fournis par l'entrepreneur.

Le mètre cube de vieux bois fournis par l'entrepreneur, sera payé 58 20
Idem, de sciage. 63 0

Cintres d'assemblages pour les voûtes, pour main d'œuvre, posé, dépose, et double transport aux frais de l'entrepreneur.

Le mètre cube de bois pour cintre d'assemblage, sera payé 35 60
Nota. Les couchis et autres bois où il n'y a pas d'assemblages, ne seront pas compris avec ces cintres, mais ils seront considérés comme des étais.

Étaiemens et chevalemens.

Le mètre cube de bois pour les étaiemens et les chevale-
mens, sera payé. 20 45

Vieux bois provenant des démolitions, pour façon, levage, et pose sans transport.

Le mètre cube de bois provenant des démolitions, sera
payé. 19 50

Démolition de charpente.

Le mètre cube de démolition de charpente sera payé. . 3 90
Mortoise faite sur place 0 50
Tenon. 0 40
Entaille au ciseau, de quinze à vingt centimètres. . . 0 30
Coupement de solive à la scie démontée. 0 35
Coupement de chevron. 0 20
Feuillure ordinaire sur poteaux. 0 50
Petites feuillures pour poser des lattes. 0 25

Journées.

Journée de compagnon, compris bénéfice. 3 50
Journée de gâcheur. 4 50
Journée de deux scieurs de long. 8 50

CONDITIONS

CONDITIONS GÉNÉRALES

Pour mesurer tous les ouvrages de couvertures des bâtimens civils , sans usage.

S A V O I R :

Couverture en tuile.

LES combles à deux égouts et autres, seront mesurés entre les ruellées, solins ou arêtiers , sur leur longueur et sur leur hauteur, du bord des égouts jusque sous les faîtières ou filets, sans aucune plus-valeur.

Les faîtages seront mesurés au mètre linéaire, et compris les crêtes, embarrures et scellemens des pièces, et timbrés séparément.

Les égouts seront mesurés séparément ; chaque doubli scellé en plâtre , en bascule, sera compté à dix centimètres de large.

Le prix sera différent de celui de la couverture en plein comble, à cause de la plus-valeur du plâtre sur le lattis et de la main d'œuvre.

Les arêtiers, filets, solins, ruellées, paremens en plâtre, ne seront plus confondus dans la mesure des combles ; ils seront mesurés séparément au mètre linéaire, et comptés à moitié de légers ouvrages, c'est-à-dire, qu'un mètre courant sera compté sur quinze centimètres courans, au prix des légers ouvrages en plâtre.

Les vides des lucarnes et souches de cheminées, soit en plein comble, ou comble en mansarde, seront déduits, savoir, le vide des lucarnes où la couverture passe au-devant d'icelles, à prendre du devant du poteau desdites lucarnes, jusqu'au milieu

D

du triangle des noues sur leurs largeurs , hors œuvre des poteaux.

La couverture de la lucarne, ainsi que les jouées, lorsqu'elles seront recouvertes, seront mesurées séparément, suivant leur existence en œuvre.

Les pentes sous les chaîneaux et celles faites sur les murs, ne seront plus confondues avec les combles; elles seront mesurées séparément, leur longueur sur leur largeur, et distinguées suivant leurs constructions et leurs épaisseurs réduites ;

SAVOIR : celles posées sur les murs, et qui seront sans lattis, mais seulement hourdées en plâtras et plâtre enduits ;

Et celles lattis jointif, clouées avec aire de plâtre et ressauts observés pour les différentes pentes, et enduits pour recevoir les plombs.

Couverture en ardoise, dont les faîtages, arêtiers et membrons seront couverts en plomb.

Ces combles seront mesurés sur leur longueur, du milieu des plombs des arêtiers, sur leur hauteur, du milieu du faîtage aussi en plomb, jusqu'au bord de l'égout, et tous les vides déduits.

Les égouts seront mesurés comme les précédens, en distinguant les doublis d'ardoises d'avec ceux en tuiles.

Si, au lieu de faîtages en plomb, ce sont des faîtages en tuiles, ils seront mesurés et comptés comme tuile, et non comme ardoise.

Les tranchis le long des arêtiers et des noues, seront mesurés au mètre linéaire, et comptés sur huit centimètres courans, soit en tuile, soit en ardoise.

Couverture remaniée.

Cette couverture sera mesurée, tant en tuile qu'en ardoise, de même que celle en ouvrages neufs dans œuvre des plâtres, lesquels seront comptés séparément.

Couverture en recherche.

La couverture en recherche sera mesurée dans œuvre des plâtres, qui seront comptés séparément, et il ne sera point compté d'égout dans ladite recherche.

PRIX DES OUVRAGES

DE COUVERTURE POUR L'AN IX.

6 derniers mois.

Tuile de Bourgogne sur lattis neuf.

Pour les 6 derniers mois de l'an 9

LE mètre superficiel de tuile de Bourgogne sur lattis neuf, sera payé. . . . . — 1 20

Le mètre superficiel d'égout en même tuile, sera payé. . — 1 85

Le mètre linéaire de faîtage en même tuile, compris crêtes, embarrures et scellemens des pièces, sera payé. . . . . — 2 10

Le mètre linéaire de tranchis au long des noues et des arêtiers, sera payé. . . . . — 0 35

Le mètre linéaire d'arêtiers, filets, solins, ruellées, et paremens en plâtre, sera payé. . . . . — 0 55

Le mètre superficiel de pente sur mur, compris l'ourdis et l'enduit, sera payé. . . . . — 5 90

Le mètre superficiel de pente en plâtre sur lattis jointif cloué, compris les ressauts et enduits, sera payé. . . . — 2 80

Tuile remaniée sur lattis neuf.

Le mètre superficiel de tuile remaniée sur lattis neuf, sera payé . . . . — 1 0

Le mètre superficiel d'égout en tuile maniée, sera payé. — 1 65

Le mètre linéaire de faîtage en tuile maniée, non compris les crêtes, embarrures, ni scellemens des pièces, sera payé. . — 0 50

Le mètre linéaire de tranchis en tuile remaniée, sera payé — 0 10

(30)

Tuile recherche.

Le mètre superficiel de tuile recherche, sera payé. . . . . — 0f 35

Ardoise neuve.

Le mètre superficiel d'ardoise neuve sur lattis neuf en volige,
sera payé. . . . . — 4 — 75
Le mètre linéaire de tranchis d'ardoise neuve, sera payé . . . — 0 — 40

Ardoise remaniée sur lattis neuf.

Le mètre superficiel d'ardoise remaniée sur lattis neuf, sera
payé. . . . . — 2 — 15
Le mètre linéaire de tranchis d'ardoise remaniée, sera
payé . . . . — 0 — 20

Ardoise recherche.

Le mètre superficiel d'ardoise recherche ordinaire, sera
payé . . . . — 0 — 40

SERRURERIE.

S A V O I R :

Gros fers, et autres ouvrages au poids de différentes natures.

L E kilogramme pesant de gros fers, dits ordinaires, tels que manteaux de cheminées, barres de languette, harpons, tirans, plate-bandes, chaînes, ancres, et autres de même nature, sera payé. 0 70

Le kilogramme pesant de fer, dit de roche, employé en étriers, ceintures de fourneaux et autres, dont la façon est plus longue et le fer plus cher, sera payé. 0 80

. Le kilogramme pesant de fenton et côte de vache commun, sera payé. 0 75

Les autres fers de Berry et de sujestions pour la main d'œuvre, seront estimés en raison de la qualité du fer et de la façon, ci pour. . . . . *Observation.*

Grilles de croisées et autres.

Le kilogramme pesant de fer employé en grilles dormantes de croisées à barreaux droits, sommiers haut et bas, traverses au milieu percées de trous carrés pour les barreaux, et assemblés à tenons et mortoises dans les sommiers, et rivés proprement, sera payé. 1

Le kilogramme desdites grilles en fer de carillon, sera payé 1 20

Le kilogramme pesant de grilles en fer ouvrant à deux vantaux, chaque vantail composé de deux montans en fer carré,

celui de derrière à pivot par le bas et à tourillon par le haut,
quatre traverses sur la hauteur, dont deux formant frise à hauteur d'appui, qui seront ornées de congés doubles pour celle à
hauteur d'appui, les autres à congés simples et à tenons, assemblées dans les mortoises des montans, le remplissage à barreaux droits assemblés à tenons et mortoises dans les traverses,
le tout bien assemblé, arrasé et rivé proprement, sera payé — 1ᶠ. 50ᶜ

Les grilles en fer de carillon, de même construction que les
précédentes, mais sans frise avec châssis, *idem* remplis de
barreaux droits jusqu'à deux mètres de hauteur, le kilogramme
pesant sera payé. 1 80

*Fonte de fer pour plaques, fourneaux, poissonnières,
tuyaux de descentes et autres.*

Le kilogramme pesant de plaques unies ou ornées de moulures, sera payé. 0 40

Le kilogramme de réchauds, poissonnières, avec grilles, aussi
en fonte, sera payé. 0 45

Le kilogramme de tuyaux de fonte, dégueulards pour descentes d'eau, et culottes pour aisances, sera payé. . . . 0 50

Le kilogramme pesant de grilles de réchauds, en petit carillon ou fenton doux, sera payé. 1 20

Clous de différentes espèces.

Le kilogramme pesant de rappointis, sera payé. 0 54

Le kilogramme pesant de clous de charrette, sera payé . 0 60

Le kilogramme pesant de clous communs, dits de bateau,
pour les maçons, sera payé. 0 90

Le kilogramme pesant de clous déliés ordinaires, sera payé — 1

Le kilogramme pesant de clous déliés de 4 et 6, sera payé — 1 — 20

Le kilogramme de clous de 4, très-fins et doux, sera payé — 1 — 40

Clous

Clous d'épingle.

Le kilogramme pesant de clous d'épingle, depuis 13 millimètres jusques et compris 27 millimètres de long, sera payé ——— 3 — 24

Le kilogramme pesant de clous, *idem*, depuis 27 millimètres
jusques et compris 54 millimètres de long, sera payé. . ——— 2 —75

Chevilles de différentes longueurs et grosseurs.

Les chevilles ne seront plus demandées dans les mémoires de
serrurerie au centimètre de longueur, comme le font les serruriers depuis quelque temps ; mais ils désigneront leurs longueurs,
et mettront prix à chacune d'elles, ci pour. *Observation.*

Chaque cheville ordinaire de 8 centimètres de long sera
payée . . . . ——— 0 —15

Idem, de 11 centimètres. . . . . ——— 0 — 20

Idem, de 13 centimètres. . . . . ——— 0 —25

Idem, de 16 centimètres. . . . . ——— 0 — 30

Idem, de 19 centimètres. . . . . ——— 0 —40

Idem, de 21 centimètres. . . . . ——— 0 —50

Idem, de 24 centimètres. . . . . ——— 0 —64

Idem, de 27 centimètres. . . . . ——— 0 —75

Idem, de 30 centimètres. . . . . ——— 0 —85

Chaque cheville d'assemblage en fer de carillon arrondi,
à tête à talon, percée d'un trou rond, de 30 centimètres de
long, sera payée. . . . . ——— 1 — 10

Celle de 40 centimètres, sera payée. . . . . ——— 1 — 50

Pates à vis pour arrêter les chambranles.

Chaque pate à vis droite, de 13 à 16 centimètres de long,
sera payée. ——— 0 —30

Chaque pate à vis coudée et à scellement, de 21 à 24 centimètres de développement, sera payée . . . . ——— 0 —45

Pates à pointes ou à scellement, pour arrêter les menui-
series.

Chaque pate, dite à lambris, depuis 40 jusques et compris 54 millimètres, sera payée . . . . 0 . 08

Idem, de 8 centimètres. 0 . 10

Idem, de 10 centimètres. . . . . 0 . 13

Idem, de 13 centimètres. . . . . 0 . 20

Idem, de 16 centimètres. . . . . 0 . 25

Chaque pate à scellement, pour arrêter les dormans des portes et croisées, en fer étiré de 5 à 6 millimètres d'épaisseur, sur 13 à 16 centimètres de long, dressée à la lime, percée de trous fraisés, entaillée et attachée avec vis à tête fraisée, sera payée. . . . . 0 . 45

Broches.

Chaque broche de 8 centimètres de long, sera payée. }
Idem, de 10 centimètres . . . . } . . . 0 . 10

Idem, de 13 centimètres. . . . . 0 . 15

Idem, de 16 centimètres . . . . 0 . 20

Ferrures de porte cochère.

Ces ferrures sont composées de gros pivots en fer de bandage de Berry, corroyé, portant équerres, percé de trous plats fraisés pour les clavettes et crapaudines. Les équerres doubles, tant pour les grands vantaux que pour les guichets, les fiches à gonds avec leur gond à repos et contre-gonds, le kilogramme pesant, sera payé. . . . . 1 . 60

Pentures au poids.

Les grosses pentures en fer plat, d'un mètre de long et au-

dessus, avec leurs gonds à repos, le kilogramme pesant, sera
payé. . . . . 1 — 20

FERRURES.

A.

Anneaux de 54 millimètres de diamètre, avec crampon
à pointes . . . . 0 — 30
Ceux de même diamètre avec lacet à vis à bois. . . . 0 — 60

B.

Bouton de porte à filet, avec tige taraudée, avec écrous et
rosette blanchie. . . . . 0 — 90
Idem, de Picardie, fort et poli. . . . . 1 — 50
Petit bouton à olive et à tourniquet, à tige taraudée, avec
écrou et rosette, dit à boîte d'horloge. . . . . . 0 — 75
Boucle de porte ou de tiroir, à cuisse de grenouille, tige
taraudée, avec écrou et rosette. . . . . 1 — 0

C.

Charnière en tôle polie, les lames carrées, percée de trous
fraisés, entaillée de son épaisseur, et attachée avec vis à tête
fraisée . . . .

Celles carrées.

De 54 millimètres de hauteur, de nœud . . . . 0 — 90
De 68 millimètres . . . . 1 — 0
De 8 centimètres . . . . 1 — 25

Celles à pans.

De 54 millimètres . . . . 1 — 0

De 68 millimètres . . . . 1 | 20

De 8 centimètres . . . . 1 | 40

Croissans simples en fer poli, avec scellemens pour les cheminées, la paire sera payée . . . . 1 | 0

Croissans à tige plate polis, coudés avec scellemens, la paire sera payée. . . . . 3 | 0

Couplets blanchis à queue d'aronde, attachés avec vis à tête
ronde.

De 10 centimètres. 0 | 15

De 13 centimètres. 0 | 90

De 16 centimètres. 1 | 0

De 19 centimètres. 1 | 20

E.

Equerres simples pour croisées, entaillées et attachées avec
broquettes.

De 16 centimètres. 0 | 45

De 19 centimètres. 0 | 50

De 21 centimètres. 0 | 70

Equerres doubles ordinaires et T, pour portes et croisées, en
fer étiré, dressé à la lime sur les rives, percées de trous
fraisés, et attachées avec vis à tête fraisée.

Le décimètre courant desdites équerres, y compris pose et vis, sera payé . . . . 0 | 25

Celles plus fortes, *id.*, le décimètre courant, sera payé 0 | 36

Espagnolettes.

Espagnolettes ordinaires, de 15 à 16 millimètres de diamètre, en fer arrondi, blanchies avec embases, ornées de moulures bien profilées, garnies de leurs lacets taraudés avec écrous, pannetons soudés sur les tiges, poignées pleines, comptées pour 3o centimètres de longueur, posées en place . . .

Le mètre courant sera payé . . . . — 5 — 55

Le mètre courant d'espagnolettes, *idem*, mais de 19 et 20 millimètres de diamètre, sera payé . . . . — 6 — 20

Lorsque lesdites espagnolettes seront plus fortes et les embases plus riches que celles ordinaires, le prix augmentera en raison de leur façon, ci pour . . . . . . *Observation.*

Garnitures d'espagnolettes.

Gâches en fer battu (et non en tôle mince), dressées à la lime au pourtour, entaillées proprement, et attachées avec vis à tête ronde . . . . — 0 — 50

Support à charnière uni, à tige taraudée avec écrous . . — 1 — 0

Support à pate blanchi, entaillé et attaché avec vis. . — 0 — 75

Support à charnière à console évidée, tige renforcée, taraudée avec écrou, bien fait et poli . . . . — 1 — 75

Agrafe ou sous-panneton évidé, ordinaire, moyen modèle, attaché avec trois vis . . . . — 0 — 60

Agrafe ou sous-panneton évidé, beau modèle, renforcé, poli, attaché avec trois vis . . . . — 1 — 0

F.

Fiches à nœud et à bouton, dites ordinaires, de St.-Etienne.

De 8 centimètres de hauteur, non compris le bouton, mais avec pose et fourniture de pointes . . . . — 0 — 60

De 95 millimètres. . . . . — 0 — 70

De 11 centimètres. . . . . — 0 — 80

De 13 centimètres. . . . . — 1 — 50

De 16 centimètres. . . . . — 2 — 0

*Fiches à bouton , dites au T, à nœud, polies , le bouton
en forme de poire.*

De   8 centimètres, estimées, compris ferrures et pointes. — 0 75
De   95 millimètres. 0 90
De   11 centimètres. . . . . 1 —
De 122 millimètres. 1 20
De   13 centimètres $\frac{1}{2}$ . . . . 2 —
De   16 centimètres. 2 75

Fiches à vases et à gonds mesurées entre-vases.

De 8 centimètres. 0 45
De 11 centimètres. 0 50
De 13 centimètres $\frac{1}{2}$ 0 65
De 16 centimètres. 0 75
De 19 centimètres. . . . . 1 —
De 21 centimètres. 1 50
De 24 centimètres. . . . . 2 —

G.

Gâches.

Gâche de tôle en équerre , dressée à la lime, entaillée et
attachée avec clous d'épingle, pour serrure d'armoire, tiroir, etc. 0 50
Celle pour serrure à tour et demi , pour porte. 0 75
Gâche à pointes ordinaires , pour serrure à tour et demi. 1 —
Celle plus forte, faite exprès 1 20
Gâche à pates ordinaires, pour serrure à tour et demi, blan-
chie, entaillée et attachée avec quatre vis 1 25
Celle faite exprès 1 50
Forte gâche à pointe renforcée , pour serrure de sûreté. 1 50

Forte gâche à pates, pour serrure de sûreté, entaillée et attachée avec vis. . . . . 2 — o

Gâche encloisonnée d'une hauteur, blanchie, attachée avec deux vis, pour serrure tour et demi. . . . . 1 — 20

Idem, pour serrure de sûreté. 1 50

Gâche encloisonnée de deux hauteurs, pour serrure tour et demi. . . . . 1 — 50

Idem, pour serrure de sûreté. . . . . 1 — 75

Gâche, *idem*, de deux hauteurs, polie, étoquiaux à pates, pour serrure de sûreté . . . . 2 — 50

L.

Loquets.

Loquet à poucier à platine, commun, battant de 32 centimètres, garni de crampon, mentonnet et vis. . . . . 1 — 50

Idem, battant de 40 centimètres. . . . . 1 — 75

Idem, battant de 48 centimètres. . . . . 2 — o

Loquet à bascule blanchi, battant de 40 centimètres de long, bouton rivé dessus, autre bouton à olive avec sa bascule, la tige taraudée avec écrous, rosettes, crampons et vis de force ordinaire . . . . 2 — 50

Ceux renforcés, même façon . . . . 2 — 75

Idem, poli . . . . 3 — o

Loquet, dit à vielle, monté sur platine, avec clef forée, battant de loquet, crampon, mentonnet et vis. . . . . 5 —

Loqueteau à croissans blanchi de 8 centimètres de hauteur de platine, attaché avec vis et garni de mentonnet . . . . 1 — o

Loqueteau à croissans de 11 centim. de hauteur de platine. 1 — 20

Loqueteau à feuilles de persil blanchi, de 16 centimètres de hauteur de platine . . . . 1 — 25

Loqueteau monté sur platine à panaches, poli, de 19 centim. de hauteur de platine, attaché avec vis et son mentonnet. 1 — 50

Loqueteau, *idem*, de 22 centimètres de hauteur de platine. 1ᶠ 75

Loqueteau pour contre-vent, monté sur forte platine grisée ou noircie, attaché avec quatre ou six fortes vis à tête ronde, de 27 millimètres. . . . . 2 — 0

LATTES MOUVANTES POUR PERSIENNES.

Détail de la ferrure.

Chaque latte est ferrée de deux tourillons en cuivre et à fourchette; dont un simple et l'autre avec boutonnière ou coulisseau, dans lequel roule un tourillon, le tout entaillé dans l'épaisseur de la latte, avec rivure au travers.

Pour tenir lesdites lattes dans les battans des persiennes, il faut deux tringles en fer étiré de calibre bien dressées à la lime, de 7 millimètres d'épaisseur, sur 10 à 12 millimètres de large, percées de trous ronds au foret, dans lesquels sont ajus-tés les tourillons, et trois ou quatre autres trous fraisés pour les vis qui les attachent sur les battans, dans lesquels lesdites tringles sont entaillées de leur épaisseur.

Une tringle à crémaillère, taillée de cinq à six dents pour recevoir un pignon, la tige calibrée de même largeur et épais-seur que celle ci-dessus, percée au foret de la même quantité de trous qu'il y a de coulisseaux et de tourillons, qui sont as-semblés à tenons ronds, et rivé dans ladite tringle.

Deux crampons en fer étiré, à tenons ronds, rivé sur ladite tringle, entaillés dans les battans, et goupillés, qui servent à retenir lesdites crémaillères.

Un pignon en cuivre, percé d'un trou carré, pour recevoir un arbre en fer arrondi, ajusté dans ledit pignon.

Une platine en fer battu, coudée d'un bout en équerre, sur laquelle sont montés la crémaillère et le pignon, avec trou rond

pour

pour l'arbre dudit pignon, et deux autres trous fraisés pour l'arrêter sur le battant.

Un bouton à olive en cuivre, ajusté dans l'arbre du pignon, servant à faire mouvoir les lattes, et une rosette en fer battu en losange, entaillée et arrêtée avec deux vis à tête fraisée.

Chaque latte mouvante, compris toutes les ferrures ci-dessus détaillées, sera payée . . . . 3 — 50

M.

Mentonnet à double pointe ou à scellemens, pour loqueteau ou loquet, fourni en réparation . . . . 0 — 50

P.

Pentures de différentes longueurs et épaisseurs. Celles en fer coulé.

Penture en fer coulé, à œil soudé, renforcée et élargie au collet, et à talon par le bout, la tige d'environ 65 centimètres de long sur 4 centimètres de large, et 4 à 5 millimètres d'épaisseur, percée de trous pour l'attacher avec les clous doux, mais sans clous rivés ni gond, sera payée, compris pose . 2 — 50

Celles plus longues seront payées en plus-valeur par 32 centimètres courans . . . . L — 0

Penture en fer, *idem*, mais de 7 à 8 millimètres d'épaisseur, sur 54 millimètres de large, et de 0,65 centimètres de long, non compris le développement de l'œil, etc., sera payée. 4 — 0

Pour chaque 32 centimètres de plus de longueur, la somme de . . . . 1 — 20

Pentures en fer, idem, sans être élargies au collet, et à œil soudé non roulé.

Penture, *idem*, de 3 à 4 millimètres d'épaisseur, sur 35 millimètres de large et de 40 centimètres de long. . . 1 — 50

F

Celles plus longues seront payées par chaque 32 centimètres
de plus, la somme de. 0   75

Penture, *idem*, de 4 à 5 millimètres d'épaisseur, sur 4 centimètres et 65 centimètres de long 1   75

Gonds pour lesdites pentures : ceux non à repos.

Gond à pointe ou à scellemens de 11 centim. de long. 0   60
Idem, de 13 centimètres. 0   75

Gonds à repos, à pointe ou à scellement.

Ceux de 11 centimètres de long. 0   90
Ceux de 13 centimètres de long. 1   —
Ceux de 16 centimètres de long. 1   25
Ceux de 19 centimètres de long. 1   50

Clous rivés pour attacher les pentures et les pommelles.

Ceux de 54 millimètres de long sur 5 millimètres de gros 0   15
Ceux de 8 centimètres de long sur 7 millimètres de diamètre,
à tête ronde 0   20
Ceux plus longs, à proportion . . . .
Fort clou rivé à tête ronde, de 9 à 10 millimètres de gros et
de 11 centimètres de long 0   30
Ceux plus longs, à proportion . . . .

Pommelles de différentes espèces : celles à queue d'aronde.

Pommelle à queue d'aronde à œil tourné, percée de trous
pour l'attacher, avec trois vis de 54 millimètres de hauteur et
gond ordinaire, sera payée. 0   75
Celle de 8 centimètres sera payée. 0   90

Pommelles en S ou en T, simples, gonds à pointe ou à scellemens, avec pose et fourniture des vis.

Pommelle blanchie, de 11 centimètres de hauteur avec gond et quatre vis pour l'attacher. . . . . 1 . . 0
Idem, de 13 centimètres. . . . . 1 . . 15
Idem, de 16 centimètres de hauteur. . . . . 1 . 30
Idem, de 19 centimètres. . . . . 1 . . 50
Idem, de 21 centimètres. . . . . 1 . . 75
Idem, de 24 centimètres. . . . . 2 . . 0
Idem, de 27 centimètres. . . . . 2 . . 25
Idem, de 30 centimètres . . . . 2 . 50

Pommelles en S ou en T, doubles, posées et attachées avec vis.

Celle de 11 centimètres, sera payée. . . . . 1 . . 25
Idem, de 13 centimètres. . . . . 1 . . 50
Idem, de 16 centimètres. . . . . 1 . . 75
Idem, de 19 centimètres. . . . . 2 . . 0
Idem, de 21 centimètres. . . . . 2 . . 25
Idem, de 24 centimètres. . . . : . . . . 2 . . 50
Idem, de 27 centimètres. . . . . 2 . . 75
Idem, de 30 centimètres. . . . . 3 . . 0
Lorsque lesdites pommelles en T seront dressées à la lime, sur les rives, avec trous fraisés, et qu'elles seront entaillées de leurs épaisseurs dans les portes et bâtis, il sera ajouté à leurs prix une plus-valeur proportionnée à leurs hauteurs, ci pour . . . . *Observation,*

Pivots de différentes espèces.

Les plus ordinaires sont ceux pour les portes battantes : il s'en fait de deux manières ; les uns sont à équerre sur le plat du fer, et les autres sur le champ.

Chaque pivot et tourillon en fer doux étiré de quatre à cinq millimètres de large, portant équerre d'environ 32 centimètres de long, et la saillie du pivot de 8 à 11 centimètres, bien dressé et posé en place, attaché avec six vis à tête ronde, sera payé . . . . — 3 | o

Lorsque ledit pivot sera entaillé et attaché avec vis à tête fraisée, il sera payé en plus-valeur. . . . . — o | 60

Les autres pivots plus forts et d'un pourtour plus grand, seront payés, ainsi que les tourillons, par proportion à ceux ci-dessus . . . .

Pivots à tête carrée et à charnière, à pates doubles, en T, percées de trous fraisés pour les attacher, le tout entaillé à fleur des bois.

Pivot, *idem*, dont les branches portent chacune 11 centimètres de long, estimé, compris vis et pose, la somme de. . . — 3 | —
Idem, de 13 centimètres de branche. . . . . — 3 | 75
Idem, de 16 centimètres de branche. . . . . — 4 | 50
Idem, de 19 centimètres de branche. . . . . — 5 | 25
Idem, de 22 centimètres de branche. . . . . — 6 | 50
Idem, de 24 centimètres de branche. . . . . — 8 | —

Poignées à pates, et autres pour croisées, portes, etc.

Poignée à pates ordinaires, de 11 centimètres, polie et attachée avec deux vis à tête ronde, sera payée . . . . — o | 60
Idem, de 13 centimètres. . . . . — o | 75
Idem, de 16 centimètres. . . . . — 1 | —

S.

Serrures d'armoires ou de tiroirs à tour et demi, blanchies,
dites communes.

Celle   de 7 centimètres, clef forée, vis et entrée, estimée,
compris pose, la somme de . . . . 2 — 25
Idem, de 8 centimètres . . . . 2 — 50
Idem, de 11 centimètres . . . . 2 — 75

Serrures d'armoires, bon poussé.

Celle   de 54 millimètres, sera payée . . . . 2 — 50
Idem, de 7 centimètres . . . . 3 —
Idem, de 8 centimètres . . . . 3 — 50
Idem, de 11 centimètres . . . . 4 — 0

Serrures d'armoires à tour et demi, polies.

Celle   de 54 millimètres, sera payée . . . . 3 —
Idem, de 7 centimètres . . . . 3 — 50
Idem, de 8 centimètres . . . . 4 —
Idem, de 11 centimètres . . . . 4 — 75

Serrures à tour et demi, polies, avec mouvement en équerre,
faisant mouvoir un bec de canne par le haut, avec
tringle en fil de fer aplati, clef forée, vis, entrée et
pose.

Celle   de 7 centimètres, sera payée . . . . 6 —
Idem, de 8 centimètres . . . . 7 —
Idem, de 11 centimètres . . . . 8 —

Serrures d'armoires à pêne fourchu et demi-tour, deux clefs forées, vis, entrée et pose.

Celle   de 68 millimètres, sera payée. . . . . —— 6 50
Idem, de 8 centimètres. . . . . —— 7 —50
Idem, de 11 centimètres. . . . . —— 8 —50

Serrures, idem, *mais de première qualité, avec étoquiaux à pate.*

Celle   de 68 millimètres, sera payée. . . . . —— 7 —50
Idem, de 8 centimètres. . . . . ——9 — 0
Idem, de 11 centimètres. . . . . —— 10 —50

Serrures de portes pleines, à pêne dormant, dites communes, *palastre grisé ou blanchi, clef bénarde, vis, entrée et posée.*

Celle   de 13 centimètres, sera payée. . . . . —— 4 ——
Idem, de 16 centimètres. . . . . ——5 ——
Idem, de 19 centimètres. . . . . ——6 ——
Idem, de 22 centimètres. . . . . —— 7 ——
Celles avec clef forée, seront payées en plus-valeur la somme
de . . . . —— 1 ——
Celles des qualités susdites, mais renforcées et bien faites.
De 13 centimètres. . . . . —— 5 ——
De 16 centimètres. . . . . —— 6 ——
De 19 centimètres. . . . . —— 7 ——
De 22 centimètres. . . . . —— 8 ——

Serrures à tour et demi, communes ou blanchies, clef bénarde.

Celle de 13 centimètres, sera payée. . . . . —— 4 ——

Idem, de 16 centimètres. . . . . — 5

Idem, de 19 centimètres 6

Serrures, idem, *bon poussé*.

Celle   de 13 centimètres, sera payée. . . . . — 6

Idem, de 16 centimètres. . . . . — 7

Idem, de 19 centimètres. 8

Les serrures polies seront payées en plus-valeur par chaque
27 millimètres, la somme de. . . . . —

Serrures à tour et demi, polies, bouton double à olive.

Celle   de 13 centimètres, sera payée . . . . —12

Idem, de 16 centimètres. . . . . —13

Idem, de 19 centimètres . . . . —14

Serrures à pêne dormant et demi-tour, dites de sûreté,
*poussé, mais ordinaires, deux clefs forées, de deux
hauteurs, posées avec vis et entrée.*

Celle   de 13 centimètres, sera payée. . . . . —12

Idem, de 16 centimètres. 13

Idem, de 19 centimètres . . . . —15

*Serrures de sûreté, pêne dormant et demi-tour, bon poussé,
deux clefs forées jusqu'à l'anneau, bien garnies.*

Celle   de 13 centimètres, sera payée 15

Idem, de 16 centimètres 16

Idem, de 19 centimètres. 18

Serrures, idem, *les clefs forées à grosse forure et à grosse
broche, panneton en chiffre, en Z ou en S.*

Celle   de 16 centimètres, sera payée. 24

Idem, de 19 centimètres 2 7

Lorsque lesdites serrures seront avec garniture tournée sur le tour, elles seront payées en plus-valeur des prix ci-dessus, la somme de 3

Serrures de sûreté, première qualité, polies, péne fourchu et demi-tour, étoquiaux à pate, clefs forées à jour.

Celle de 16 centimètres, sera payée 2 7

Idem, de 19 centimètres, ... 3 6

Lorsque les susdites serrures seront avec garniture tournée, elles seront payées en plus-valeur, la somme de 3

Celles avec bouton double à olive, en plus-valeur, la somme de 2

Celles avec verrous à coulisse, dites *à quatre pénes*, en plus-valeur, la somme de 3

Clefs de différentes espèces, fournies en réparation des susdites serrures.

Clef bénarde pour loquet à vielle 1

Idem, forée . . . . 1 — 25

Clef bénarde pour serrure, tour et demi ordinaire . . 1 — 75

Clef forée pour serrure, *idem*, dite *ordinaire*. . . . 2 — 25

Clef pour serrure de sûreté, forée de deux hauteurs seulement 3

Clef de sûreté forée à jour et bien fendue 4

Clef forée ordinaire, pour serrure d'armoire, à tour et demi . . . . 1 — 50

Clef forée, *idem*, pour serrure d'armoire de sûreté. . . 2 — 25

Sonnettes, et tous leurs accessoires.

Sonnette de métal de 67 millimètres de diamètre, montée sur

sur un ressort, et un support à pointe, sur lequel est ajusté et rivé ledit ressort, posée en place, sera payée . . . . 4 — »

Sonnette de 8 centimètres de diamètre avec ressort, *idem* . . . . 4 — 75

Chaque mouvement de sonnette en cuivre, monté sur une pointe en fer, ordinaire. . . . . 0 — 75

Mouvement, *idem*, de tirage qui reçoit le cordon. . . . . . . 1 — »

Fort mouvement tout en fer, fait exprès, tel que ceux pour les cordons de porte cochère et autres. . . . . 1 — 50

Pointe d'arrêt pour retenir les mouvemens de tirage. . . . . . 0 — 15

Ressort de renvoi ou de rappel, en acier battu, tourné avec pointe, ou à pate. 1 — 75

A l'égard du fil de fer fourni pour la pose desdites sonnettes, les serruriers doivent le demander au mètre courant, qui sera payé . . . . 0 — 15

Petit conduit en fil de fer à deux pointes, pour soutenir le fil de fer. . . . . 0 — 15

Le mètre courant de tuyaux de fer-blanc, posés dans l'épaisseur des murs, cloisons et planchers, sera payé. . . . . . . 1 — 50

Quant aux bascules qui se font pour la pose desdites sonnettes, il n'est pas possible d'en-fixer le prix, vu qu'il faut les faire suivant les différentes places où elles se trouvent.

Coulisseau en cuivre, monté sur platine en couleur d'or, pour le tirage des sonnettes. . . . . 1 — 80

Coulisseau, *idem*, mais doré. . . . . 3 — »

Percemens de murs, pan de bois et planchers pour la pose
des sonnettes.

Le mètre courant de percement de trou, tant en pierre tendre qu'en moellon dur pour les passages des fils de fer, sera payé . . . . 4 — 50

Chaque trou dans les poteaux ou sablières des cloisons de refend. . . . . 0 — 75

G

Chaque trou, *idem*, dans les cloisons légères. 0 60
Idem, dans les planchers. 1

T.

Petit tourniquet à pate, en fer étiré, blanchi, percé d'un trou pour la vis, depuis 54 millimètres jusqu'à 8 centimètres, avec la vis et compris pose, sera payé. 0 40
Tourniquet double, monté sur une tige d'environ 11 à 13 centimètres de longueur, soit à pointe ou à scellement. 1 0
Ceux, *idem*, mais simples. 0 75

Tringles, dites de vitrage, posées sur les châssis à verre des croisées, en gros fil de fer, à œil chaque bout.

Chaque tringle de vitrage en gros fil de fer d'environ 4 millimètres de gros sur 54 centimètres de long, avec ses deux petits gonds à vis, sera payée. 1 0
Celles plus longues seront payées à proportion.

Tringles pour les croisées, alcoves et autres.

Le mètre courant de tringle en fer doux cylindré, de 13 à 16 millimètres de grosseur, grattée ou blanchie grossièrement, avec œil des deux bouts, non compris les gonds, sera payé 2 30
Le mètre courant de tringle, *idem*, de 18 millimètres de grosseur, sera payé. 2 80

Tringles blanchies proprement (dites tirées de long).

Le mètre courant de ces tringles, de 13 à 16 millimètres de grosseur, avec œil des deux bouts, sera payé. 3 0
Le mètre courant de tringle, *idem*, de 18 millimètres 3 60
Celles au-dessus seront payées en proportion à celles ci-dessus.

Celles polies seront payées en plus-valeur, par mètre courant, la somme de.   0   75

Gonds à pointe pour lesdites tringles.

Ceux de 11 centimètres.   0   40
Idem, de 13 centimètres.   0   50
Idem, de 16 centimètres.   0   60

Gonds à pointe et à poulies.

La garniture de gonds à poulies ordinaires est composée de trois pièces, savoir : un gond avec chapes doubles et poulies, la tige de 11 à 13 centimètres, une autre avec chape simple et sa poulie, tige, *idem*, et une autre poulie simple pour le bas du cordon, le tout estimé.   2   40

Garniture de poulie, *idem*, renforcée, dite de Picardie, avec tige de 19 à 22 centimètres.   5   »

V.

Verrous à ressorts, montés sur platine évidée en feuilles de persil, blanchis (dits communs*), attachés avec vis, et garnis de crampons à pointes.*

Celui de 16 à 19 centimètres de long, sera payé . . .   1   20
Celui de 65 centimètres de long, garni de conduits à pates, crampon et vis.   2   »
Celui au-dessus de 65 centimètres de long, sera payé en plus-valeur, par chaque 32 centimètres courant.   0   60

Verrous à ressorts, dits à placard, *montés sur platine à panache, bouton à filet, vis, conduits et crampon à pointes.*

Celui de 21 à 24 centimètres, sera payé   2   25

Celui de 65 centimètres de long 3

Celui au-dessus sera payé en plus-valeur; par chaque 32 centimètres courant. 1 — 0

Vis à bois, à tête ronde fendue, de toutes grandeurs.

Celle de 13 à 14 millimètres, sera payée 0 03
Idem, de 20 millimètres. 0 04
Idem, de 27 millimètres, deuxième force 0 05
Idem, de 34 millimètres. 0 07
Idem, de 40 millimètres. 0 10
Idem, de 54 millimètres, troisième force. 0 13
Idem, de 68 millimètres. 0 15
Idem, de 80 millimètres. 0 18
Idem, de 95 millimètres. 0 21
Idem, de 108 millimètres 0 25

Celles plus longues et plus fortes seront payées par proportion à celles ci-dessus.

Toutes les vis à tête fraisée seront payées un dixième en sus de celles ci-dessus.

Vis à tête ronde filletées jusqu'à la tête.

Celle de 13 à 14 millimètres, sera payée. 0 04
Idem, de 20 millimètres. 0 06
Idem, de 27 millimètres. 0 08
Idem, de 34 millimètres. 0 10
Idem, de 40 millimètres. 0 12
Idem, de 54 millimètres. 0 15

MENUISERIE.

Tous les ouvrages de menuiserie seront mesurés au mètre linéaire et au mètre de surface, suivant leurs différentes espèces, sans rien ajouter aux longueurs ni aux surfaces, pour raison, soit des parties circulaires ou de doubles paremens; en conséquence, chaque ouvrage différent sera timbré et tiré hors ligne, suivant son espèce, et compris les assemblages.

DEVIS DES PRIX DE MENUISERIE.

OUVRAGES EN SAPIN.

Cloisons.

Cloisons en sapin de bateau brut, dressé jointif, pour un mètre de surface 3ᶠ 15

Cloisons en sapin de bateau, blanchi d'un côté et rainé . 3 80

Cloisons en sapin de bateau, blanchi des deux côtés et rainé. 4 10

Sapin neuf.

Cloisons en sapin neuf, de 27 millimètres d'épaisseur, brut des deux côtés, dressé jointif, pour un mètre de surface . 3 85

Cloisons en sapin neuf, de 27 millimètres d'épaisseur, ou tablettes, blanchi d'un côté et rainé 4 20

Cloisons et tablettes en sapin neuf, de 27 millimètres d'épaisseur, blanchi des deux côtés et rainé 4 50

Cloisons et tablettes, semblables en tout, mais collées . . . 4 60

Cloisons et tablettes en sapin, de 35 millimètres d'épaisseur, brut, dressé jointif 4 50

Idem, blanchi d'un côté et rainé. 4 90

Idem, blanchi des deux côtés, et rainé, collé. 5 15

. . . . 5 30

Portes pleines en sapin.

Portes pleines en sapin, de 27 millimètres d'épaisseur, blanchi des deux côtés, et rainé, emboîté de chêne des deux bouts, pour un mètre de surface. 5 55

Idem, de 35 millimètres d'épaisseur. 6 30

Idem, de 40 millimètres d'épaisseur. 7 10

Idem, de 54 millimètres d'épaisseur. 9 50

Lambris en sapin.

Les lambris en sapin assemblé à petits cadres, de 27 millimètres de profil, bâtis de 27 millimètres d'épaisseur, panneaux de feuillet, de 13 à 15 millimètres d'épaisseur, à un parement, pour un mètre de surface. 6 85

Lambris, *idem*, blanchi au double parement. 7 50

Lambris, *idem*, à double parement. 8 40

Lambris en sapin, de 27 millimètres de profil, bâtis de 35 millimètres d'épaisseur, panneaux de 13 à 15 millimètres d'épaisseur, à un parement. 7 10

Lambris, *idem*, blanchi au double parement. 7 84

Lambris, *idem*, à double parement. 8 70

Lambris en sapin, bâtis de 35 millimètres d'épaisseur, panneaux de 20 millimètres d'épaisseur, à un parement. 7 40

Lambris, *idem*, blanchi au double parement 8 05

Lambris, *idem*, à double parement. 8 95

Observation sur les profils desdits lambris.

Lorsque lesdits lambris auront plus ou moins de profil que

ceux indiqués ci-dessus, fixés à 27 millimètres de profil, il
sera augmenté ou diminué par chaque 7 millimètres de profil,
et payé en plus ou moins valeur par chaque mètre de surface,
la somme de. . . . .   *0* . *16*

Lambris en sapin assemblé à grands cadres, de 47 millimètres
de profil, bâtis de 27 millimètres d'épaisseur, panneaux de 13
à 15 millimètres d'épaisseur, à un parement, pour un mètre
de surface. . . . .   *8* . *15*

    Lambris, *idem*, blanchi au double parement. . . .   *8* . *80*

    Lambris, *idem*, à double parement . . . .   *10* . *30*

    Lambris, *idem*, en sapin de même profil, bâtis de 35 mil-
limètres d'épaisseur, panneaux de 20 millimètres d'épaisseur,
à un parement . . . .   *8* . *70*

    Lambris, *idem*, blanchi au double parement. . . .   *9* . *35*

    Lambris, *idem*, à double parement . . . .   *10* . *80*

Observation sur les profils desdits lambris.

Pour chaque 7 millimètres de plus ou moins de profil que
celui de 47 millimètres, il sera augmenté ou diminué par mètre
de surface, la somme de . . . .   *0* . *80*

Ouvrages en sapin au mètre linéaire.

Nota. Les bâtis seront portés de leur épaisseur et largeur, compris
assemblages.

Bâtis en sapin pour encadremens, chambranles à la capucine
et autres ouvrages semblables, corroyés, feuillés avec moulures
ou sans moulures, et assemblés à tenons et mortoises.

Ceux de 27 millimètres d'épaisseur.

	Sans moulures.	Avec moulures.
De 54 millimètres de large, pour un mètre linéaire.	0 52	0 62
De 8 centimètres.	0 59	0 70
De 11 centimètres.	0 72	0 82
De 13 centimètres	0 85	0 95
De 16 centimètres.	0 97	1 08

Ceux de 35 millimètres d'épaisseur.

	Sans moulures.	Avec moulures.
De 54 millimètres de large.	0 56	0 67
De 8 centimètres.	0 69	0 79
De 11 centimètres.	0 82	0 92
De 13 centimètres.	0 95	1 05
De 16 centimètres.	1 08	1 18

Ceux de 40 millimètres d'épaisseur.

	Sans moulures.	Avec moulures.
De 54 millimètres de large.	0 62	0 72
De 8 centimètres.	0 77	0 87
De 11 centimètres.	0 92	1 03
De 13 centimètres.	1 08	1 18
De 16 centimètres.	1 23	1 33

Huisseries en sapin, assemblé à tenons et mortoises, corroyé et feuillé.

De 40 millimètres d'épaisseur.

	Sans moulures.	Avec moulures.
De 54 millimètres de large, le mètre linéaire sera payé	0 62	0 72
De 8 centimètres.	0 77	0 87
De 11 centimètres.	0 92	1 03
De 13 centimètres.	1 08	1 18
De 16 centimètres.	1 23	1 33

De

De 54 *millimètres d'épaisseur.*

	Sans moulures.	Avec moulures.
De 54 millimètres de large.	0 72	0 82
De 8 centimètres.	0 87	0 97
De 11 centimètres.	1 03	1 13
De 13 centimètres.	1 18	1 28
De 16 centimètres.	1 33	1 44

De 68 *millimètres d'épaisseur.*

	Sans moulures.	Avec moulures.
De 54 millimètres de large.	0 82	0 92
De 8 centimètres.	0 97	1 08
De 11 centimètres.	1 13	1 23
De 13 centimètres.	1 28	1 38
De 16 centimètres.	1 44	1 54

De 80 *millimètres d'épaisseur.*

	Sans moulures.	Avec moulures.
De 8 centimètres de large.	1 18	1 28
De 11 centimètres.	1 23	1 33
De 13 centimètres.	1 41	1 51
De 16 centimètres.	1 59	1 69

Chambranles en sapin, élégi en plein bois, orné de moulures,
socles, et assemblé d'onglets.

Chambranles de 4 centimètres d'épaisseur.

De 54 millimètres de profil, le mètre linéaire sera payé . 1 03
De 8 centimètres. 1 28
De 11 centimètres. 1 54
De 13 centimètres. 1 80
De 16 centimètres 2 05

H

Chambranles de 54 millimètres d'épaisseur.

De 54 millimètres de profil...
De 8 centimètres...
De 11 centimètres...
De 13 centimètres...
De 16 centimètres...

Chambranles de 68 millimètres d'épaisseur.

De 8 centimètres de profil...
De 11 centimètres...
De 13 centimètres...
De 16 centimètres...

Chambranles de 80 millimètres d'épaisseur.

De 8 centimètres de profil...
De 11 centimètres...
De 13 centimètres...
De 16 centimètres...

Moulures et bordures en sapin coupé d'onglets.

Moulures de 13 à 14 millimètres d'épaisseur.

De 27 millimètres de profil, le mètre linéaire...
De 40 millimètres...
De 54 millimètres...
De 68 millimètres...
De 80 millimètres...
De 95 millimètres...
De 110 millimètres...

Moulures, idem, *de 20 millimètres d'épaisseur.*

De 27 millimètres de profil. . . . . _______ 0 62
De 40 millimètres . . . . _______ 0 69
De 54 millimètres.. . . . . _______ 0 76
De 68 millimètres.. . . . . _______ 0 85
De 80 millimètres.. . . . . _______ 0 92
De 95 millimètres.. . . . . _______ 1 ——
De 110 millimètres.. . . . . _______ 1 08

Moulures, idem, *de 27 millimètres d'épaisseur.*

De 40 millimètres de profil. . . . . _______ 0 75
De 54 millimètres. . . . . _______ 0 85
De 68 millimètres. . . . . _______ 0 95
De 80 millimètres. . . . . _______ 1 05
De 95 millimètres. . . . . _______ 1 15
De 110 millimètres. . . . . _______ 1 25

Tasseaux en sapin.

Le mètre linéaire de tasseaux en sapin, de 27 millimètres
carrés, sera payé . . . . _______ 0 34

Les autres ouvrages en sapin, qui n'ont point été compris
dans les prix précédens, seront estimés, suivant et à proportion des ouvrages auxquels ils auront le plus de rapport.

OUVRAGES EN CHÊNE.

*Cloisons, tablettes et planchers, en planches entières, au
mètre de surface, de 13 à 14 millimètres d'épaisseur.*

Blanchi d'un côté et rainé, pour un mètre de surface. . _______ 5 55
Idem, blanchi des deux côtés et rainé. . . . . _______ 5 80

H 2

Idem, blanchi des deux côtés, rainé et collé . . . . . . — 5 . — 95
Idem, blanchi des deux côtés, rainé, collé, avec clefs. — 6 — 25

De 20 millimètres d'épaisseur.

Blanchi d'un côté et rainé, pour un mètre de surface. . — 5 — 95
Idem, blanchi des deux côtés et rainé . . . . — 6 — 25
Idem, blanchi des deux côtés, rainé et collé. . . . . . — 6 — 40
Idem, blanchi des deux côtés, rainé, collé, avec clefs. 6 — 70

De 27 millimètres d'épaisseur.

Blanchi d'un côté et rainé, pour un mètre de surface. — 6 — 15
Idem, blanchi des deux côtés et rainé . . . . — 6 — 45
Idem, blanchi des deux côtés, rainé et collé. . . . . . — 7 —
Idem, blanchi des deux côtés, rainé, collé, avec clefs. — 7 — 30

De 35 millimètres d'épaisseur.

Blanchi d'un côté et rainé, pour un mètre de surface. — 7 —
Idem, blanchi des deux côtés et rainé. . . . . — 7 — 40
Idem, blanchi des deux côtés, rainé et collé. . . . . . — 7 — 60
Idem, blanchi des deux côtés, rainé, collé, avec clefs. — 7 — 85

De 40 millimètres d'épaisseur.

Blanchi d'un côté et rainé, pour un mètre de surface. — 7 — 25
Idem, blanchi des deux côtés et rainé. . . . . — 7 — 60
Idem, blanchi des deux côtés, rainé et collé. . . . . — 7 — 80
Idem, blanchi des deux côtés, rainé, collé, avec clefs. 10 — 05

De 47 millimètres d'épaisseur.

Blanchi d'un côté et rainé, pour un mètre de surface. . — 10 — 55
Idem, blanchi des deux côtés et rainé . . . . — 11 — 05

Idem, blanchi des deux côtés, rainé et collé. . . . . ———— 11 .. 35

Idem, blanchi des deux côtés, rainé, collé, avec clefs. ———— 11 ——65

De 54 millimètres d'épaisseur.

Blanchi d'un côté et rainé, pour un mètre de surface. ———— 12 — 65

Idem, blanchi des deux côtés et rainé. . . . . ———— 13 ——30

Idem, blanchi des deux côtés, rainé et collé. . . . . ———— 13 —50

Idem, blanchi des deux côtés, rainé, collé, avec clefs. ———— 13 —90

Portes pleines en chéne, blanchi, rainé, avec clefs, et
emboîté.

De 13 à 14 millimètres d'épaisseur, pour un mètre de surface. . . . . ——6 — 35

De 20 millimètres d'épaisseur. . . . . ——6 —85

De 27 millimètres d'épaisseur. . . . . ——8 ——20

De 35 millimètres d'épaisseur. . . . . ——10 —15

De 40 millimètres d'épaisseur. . . . . ——11 —85

De 47 millimètres d'épaisseur. . . . . ——13 —55

De 54 millimètres d'épaisseur. . . . . ——15 —30

Planchers en chéne.

Ceux en planches entières seront portés au même prix que
les cloisons blanchies d'un côté, et rainés, suivant leur épaisseur,
ci pour . . . . *Observation.*

Planchers de frises en chéne, blanchi d'un côté et rainé.

De 27 millimètres d'épaisseur, le mètre de surface . . ——7 —72

De 35 millimètres. . . . . ——9 —50

De 40 millimètres. . . . . ——11 —45

De 47 millimètres. . . . . ——12 —40

De 54 millimètres. . . . . ——13 —70

(65)

Planchers de frises en bois, idem, *mais posés en point d'Hongrie.*

De 27 millimètres d'épaisseur, le mètre de surface. . . . . . 10 — 0
De 35 millimètres. . . . . 11 — 85
De 47 millimètres. . . . . 12 — 69
De 54 millimètres. . . . . 13 — 80
. . . . 15 — 90

Parquet d'assemblage ordinaire, en feuilles.

De 27 millimètres d'épaisseur, le mètre de surface. . . . . . 9 — 75
De 35 millimètres. . . . . 11 — 35
De 47 millimètres. . . . . 12 — 65
De 54 millimètres. . . . . 13 — 75
. . . . 15 — 30

Lambris en beau bois de chêne français, avec plinthes et cymaises.

Ceux à petits cadres de 27 millimètres de profil, bâtis de 27 millimètres, panneaux de 13 à 14. . . . .
Lambris à petits cadres, *idem,* à un parement pour un mètre de surface. . . . . 10 — 55
Lambris, *idem,* blanchi au double parement. . . . 11 — 85
Lambris, *idem,* à double parement. . . . . 12 — 65
Lambris, *idem,* bâtis de 27 millimètres d'épaisseur, panneaux de 20 millimètres, à un parement, pour un mètre de surface. — 11 — 35
Lambris, *idem,* blanchi au double parement. . . . — 12 — 65
Lambris, *idem,* à double parement. . . . . . — 13 — 45
Lambris, *idem,* à petits cadres, bâtis de 35 millimètres, panneaux de 13 à 14 millimètres, à un parement, pour un mètre de surface. . . . . 12 — 55
Lambris, *idem,* blanchi au double parement. . . . — 13 — 40
Lambris, *idem,* à double parement. . . . . . . — 14 — 15

Lambris, *idem*, à petits cadres, bâtis de 35 millimètres, panneaux de 27 millimètres, à un parement, pour un mètre de surface. . . . . 12 — 0

Lambris, *idem*, blanchi au double parement. . . . 14 — 15

Lambris, *idem*, à double parement. . . . . . . 14 — 95

Lambris, *idem*, à petits cadres, bâtis de 40 millimètres, panneaux de 20 millimètres, à un parement, pour un mètre de surface. . . . . 12 — 65

Lambris, *idem*, blanchi au double parement. . . . 13 — 95

Lambris, *idem*, à double parement. . . . . 14 — 75

Lambris, *idem*, à petits cadres, bâtis de 40 millimètres, panneaux de 27 millimètres, à un parement, pour un mètre de surface. 13 — 45

Lambris, *idem*, blanchi au double parement. . . . 14 — 75

Lambris, *idem*, à double parement. . . . . 15 — 55

Lorsque les bâtis seront plus épais, il sera alloué, pour chaque 7 millimètres de plus d'épaisseur par mètre de surface, la somme de. . . . . 0 — 75

Et pour chaque 7 millimètres de plus d'épaisseur des panneaux. . . . . 0 — 40

Pour chaque 7 millimètres de plus ou de moins de profil que celui de 27 millimètres indiqué ci-dessus, il sera augmenté ou diminué par mètre de surface, la somme de. . . . . 0 — 25

Lambris en chêne à grands cadres, de 47 millimètres de profil, avec plinthes et cymaises.

Lambris, *idem*, à grands cadres, bâtis de 27 millimètres d'épaisseur, panneaux de 13 à 14 millimètres, à un parement, pour un mètre de surface. . . . . 13 — 70

Lambris, *idem*, blanchi au double parement. . . . 15 — 0

Lambris, *idem*, à double parement. . . . . 16 — 85

Lambris, *idem*, à grands cadres, bâtis de 35 millimètres d'épaisseur, panneaux de 20 millimètres, à un parement, pour un mètre de surface. . . . . —15 30

Lambris, *idem*, blanchi au double parement. . . . —16 60

Lambris, *idem*, à double parement. . . . . . . —18 45

Lambris, *idem*, à grands cadres, bâtis de 35 millimètres d'épaisseur, panneaux de 27 millimètres, à un parement, pour un mètre de surface. . . . . —16 10

Lambris, *idem*, blanchi au double parement . . . —17 40

Lambris, *idem*, à double parement. . . . . . . —19 25

Lambris, *idem*, à grands cadres, bâtis de 40 millimètres d'épaisseur, panneaux de 20 millimètres, à un parement, pour un mètre de surface. . . . . —15 95

Lambris, *idem*, blanchi au double parement . . . —17 25

Lambris, *idem*, à double parement. . . . . . . —19 10

Lambris, *idem*, à grands cadres, bâtis de 40 millimètres d'épaisseur, panneaux de 27 millimètres, à un parement, pour un mètre de surface. . . . . —16 75

Lambris, *idem*, blanchi au double parement . . . —18 05

Lambris, *idem*, à double parement. . . . . . . —19 90

Pour chaque 7 millimètres de plus d'épaisseur de panneaux. . . . . —» 80

Pour chaque 7 millimètres de plus ou de moins de profil que celui de 47, indiqué ci-dessus, il sera augmenté ou diminué par chaque mètre de surface, la somme de. . . . . —» 25

Pour chaque 7 millimètres de plus d'épaisseur de bâtis, il sera alloué en plus par mètre de surface, la somme de. —» 65

Croisées en chêne, au mètre de surface.

Croisées à petits carreaux, avec petits bois à noix et à gueule de loup, à deux vantaux, assemblées à trèfles, jet d'eau et pièces d'appui. . . . .

Croisées,

Croisées, *idem*, dormant de 35 millimètres d'épaisseur, châssis à verre, *idem*, pour un mètre de surface. . . . .

Croisées, *idem*, dormant de 54 millimètres d'épaisseur, châssis de 35 millimètres. . . . .

Croisées, *idem*, dormant de 40 millimètres d'épaisseur, châssis, *idem*. . . . .

Croisées, *idem*, dormant de 61 millimètres d'épaisseur, châssis de 40. . . . .

Croisées, *idem*, dormant et châssis à verre de 47 millimètres d'épaisseur. . . . .

Croisées, *idem*, dormant de 61 millimètres d'épaisseur, châssis de 47. . . . .

Croisées, *idem*, dormant de 8 centimètres, châssis à verre de 54 millimètres. . . . .

Croisées en chêne à grands carreaux ou à glaces, à deux vantaux à noix, assemblées à trèfles avec jet d'eau et pièces d'appui, au mètre de surface.

Croisées, *idem*, dormant et châssis de 35 millimètres d'épaisseur, pour un mètre de surface. . . . .

Croisées, *idem*, dormant de 54 millimètres d'épaisseur, châssis de 35. . . . .

Croisées, *idem*, dormant et châssis de 40 millimètres d'épaisseur. . . . .

Croisées, *idem*, dormant de 61 millimètres d'épaisseur, châssis de 40. . . . .

Croisées, *idem*, dormant de 47 millimètres d'épaisseur, châssis de 40. . . . .

Croisées, *idem*, dormant de 61 millimètres d'épaisseur, châssis de 47. . . . .

Croisées, *idem*, dormant de 8 centimètres d'épaisseur, châssis de 54 millimètres. . . . .

I

Persiennes en chêne, avec rayons, au mètre de surface.

	Avec dormans.	Sans dormans.
Persiennes en chêne, dormans et châssis de 35 millimètres d'épaisseur.	11 — 06	9 22
Persiennes, *idem*, dormans de 54 millimètres d'épaisseur, châssis de 35.	11 — 85	9 22
Persiennes, *idem*, dormans et châssis de 40 millimètres d'épaisseur.	12 64	10 29
Persiennes, *idem*, dormans de 61 millimètres d'épaisseur, châssis de 40.	13 43	10 —29
Persiennes, *idem*, dormans et châssis de 47 millimètres d'épaisseur.	14 22	11 33
Persiennes, *idem*, dormans de 68 millimètres d'épaisseur, châssis de 47.	15 —01	11 33
Persiennes, *idem*, dormans et châssis de 54 millimètres d'épaisseur.	15 80	14 22
Persiennes, *idem*, dormans de 8 centimètres d'épaisseur, châssis de 54 millimètres.	16 —59	14 22

Lambourdes, fourrures et autres ouvrages semblables, en chêne brut, sans assemblages ou avec assemblages, au mètre linéaire.

De 35 millimètres d'épaisseur.

	Sans assemblages.	Avec assemblages.
De 54 millimètres de large, pour un mètre linéaire.	0 — 46	0 — 56
De 8 centimètres de large.	0 —57	0 — 68
De 11 centimètres.	0 68	0 78
De 13 centimètres.	0 —79	0 —89
De 16 centimètres.	0 90	1 ——

	Sans assemblages.	Avec assemblages.
De 40 millimètres d'épaisseur.		
De 54 millimètres de large, pour un mètre linéaire.	0—51	0—62
De 8 centimètres.	0 64	0—74
De 11 centimètres..	0—77	0—87
De 13 centimètres.	0—90	1—00
De 16 centimètres.	1—03	1 13
De 47 millimètres d'épaisseur.		
De 54 millimètres de large, pour un mètre linéaire.	0—59	0—69
De 8 centimètres.	0—73	0—83
De 11 centimètres.	0—87	0—97
De 13 centimètres.	1—02	1—12
De 16 centimètres.	1—15	1 26
De 54 millimètres d'épaisseur.		
De 54 millimètres de large, pour un mètre linéaire.	0 67	0—77
De 8 centimètres.	0 84	0—94
De 11 centimètres.	1—00	1—10
De 13 centimètres.	1—17	1—27
De 16 centimètres.	1 33	1—43
De 8 centimètres d'épaisseur.		
De 8 centimètres de large, pour un mètre linéaire.	1—03	1—12
De 11 centimètres.	1—20	1—30
De 13 centimètres.	1—36	1—47
De 16 centimètres.	1—54	1—64

I 2

Huisseries, poteaux, coulisses en chêne, et autres ouvrages semblables, corroyés, feuillés, rainés, quarderonnés et assemblés à tenons et mortoises.

De 40 millimètres d'épaisseur.

	Sans rainures, feuillures, ni quarderons.		Avec rainures, feuillures et quarderons.	
De 54 millimètres de large, pour un mètre linéaire.	0	97	1	13
De 8 centimètres.	1	18	1	33
De 11 centimètres.	1	38	1	54
De 13 centimètres.	1	59	1	74
De 16 centimètres.	1	79	1	95

De 54 millimètres d'épaisseur.

	Sans rainures, feuillures, ni quarderons.		Avec rainures, feuillures et quarderons.	
De 54 millimètres de large, pour un mètre linéaire.	1	08	1	23
De 8 centimètres.	1	32	1	48
De 11 centimètres.	1	56	1	72
De 13 centimètres.	1	81	1	96
De 16 centimètres.	2	05	2	20

De 67 millimètres d'épaisseur.

	Sans rainures, feuillures, ni quarderons.		Avec rainures, feuillures et quarderons.	
De 54 millimètres de large, pour un mètre linéaire.	1	23	1	38
De 8 centimètres.	1	50	1	66
De 11 centimètres.	1	77	1	92
De 13 centimètres.	2	04	2	19
De 16 centimètres.	2	31	2	46

De 80 *millimètres d'épaisseur.*

	Sans rainures, feuillures, ni quarderons.		Avec rainures, feuillures et quarderons.	
De 8 centimètres de large, pour un mètre linéaire.	1	64	1	77
De 11 centimètres.	1	95	2	14
De 13 centimètres.	2	26	2	41
De 16 centimètres.	2	56	2	72

Bâtis de portes ou d'encadremens, chambranles, dits à la capucine, *et autres ouvrages en chêne, avec moulures et feuillures, assemblés à tenons et mortoises.*

Nota. Les bâtis seront portés de leur épaisseur et largeur sans réduction , avec assemblage.

De 27 *millimètres d'épaisseur.*

	Sans moulures.		Avec moulures.	
De 54 millimètres de large, pour un mètre linéaire.	0	67	0	77
De 8 centimètres.	0	77	0	87
De 11 centimètres.	1	03	1	13

De 35 *millimètres d'épaisseur.*

	Sans moulures.		Avec moulures.	
De 54 millimètres de large, pour un mètre linéaire.	0	69	0	79
De 8 centimètres.	0	99	1	10
De 11 centimètres.	1	21	1	31

De 40 *millimètres d'épaisseur.*

	Sans moulures.	Avec moulures.
De 54 millimètres de large, pour un mètre linéaire.	0 92	1 — 03
De 8 centimètres.	1 — 18	1 — 28
De 11 centimètres.	1 — 44	1 — 54

De 47 *millimètres d'épaisseur.*

	Sans moulures.	Avec moulures.
De 54 millimètres de large, pour un mètre linéaire.	1 — 05	1 — 15
De 8 centimètres.	1 31	1 41
De 11 centimètres.	1 — 56	1 — 67
De 13 centimètres.	1 82	1 92

De 54 *millimètres d'épaisseur.*

	Sans moulures.	Avec moulures.
De 54 millimètres de large, pour un mètre linéaire.	1 — 18	1 — 28
De 8 centimètres.	1 — 44	1 — 56
De 11 centimètres.	1 70	1 80
De 13 centimètres.	1 — 95	2 — 05
De 16 centimètres.	2 21	2 31

Chambranles en chêne français élégi de moulures en plein bois, orné de socles, avec rainures et assemblé d'onglets.

De 27 *millimètres d'épaisseur.*

De 54 millimètres de profil, pour un mètre linéaire. .	0 92
De 8 centimètres de profil.	1 18
De 11 centimètres.	1 44
De 13 centimètres.	1 67

De 35 millimètres d'épaisseur.

De 54 millimètres de profil, pour un mètre linéaire. . ———— 1 — 07
De 8 centimètres de profil. . . . . ———— 1 — 33
De 11 centimètres. . . . . ———— 1 — 55
De 13 centimètres. . . . . ———— 1 — 84
De 16 centimètres. . . . . ———— 2 — 10

De 40 millimètres d'épaisseur.

De 54 millimètres de profil, pour un mètre linéaire. . ———— 1 — 25
De 8 centimètres de profil. . . . . ———— 1 — 54
De 11 centimètres. . . . . ———— 1 — 45
De 13 centimètres. . . . . ———— 2 — 15
De 16 centimètres. . . . . ———— 2 — 46

De 47 millimètres d'épaisseur.

De 54 millimètres de profil, pour un mètre linéaire. . ———— 1 — 33
De 8 centimètres de profil. . . . . ———— 1 — 64
De 11 centimètres. . . . . ———— 1 — 95
De 13 centimètres. . . . . ———— 2 — 26
De 16 centimètres. . . . . ———— 2 — 56
De 19 centimètres. . . . . ———— 2 — 87
De 22 centimètres. . . . . ———— 3 — 18

De 54 millimètres d'épaisseur.

De 54 millimètres de profil, pour un mètre linéaire. . ———— 1 — 44
De 8 centimètres de profil. . . . . ———— 1 — 77
De 11 centimètres. . . . . ———— 2 — 15
De 13 centimètres. . . . . ———— 2 — 52
De 16 centimètres. . . . . ———— 2 — 89
De 19 centimètres. . . . . ———— 3 — 23
De 22 centimètres. . . . . ———— 3 — 59

De 67 millimètres d'épaisseur.

De 8 centimètres de profil, pour un mètre linéaire. ⁚ ——— 2 —05
De 11 centimètres de profil. . . . . ——— 2 —16
De 13 centimètres. . . . . ——— 2' 87
De 16 centimètres. . . . . ——— 3 —24
De 19 centimètres. . . . . ——— 3 —70
De 22 centimètres. . . . . ——— 4 —10

De 8 centimètres d'épaisseur.

De 8 centimètres de profil, pour un mètre linéaire. ⁊ ——— 2 —34
De 11 centimètres de profil. . . . . ——— 2 —77
De 13 centimètres. . . . . ——— 3 — 23
De 16 centimètres. . . . . ——— 3 —70
De 19 centimètres. . . . . ——— 4 —16
De 22 centimètres. . . . . ——— 4 —62

PEINTURE

PEINTURE D'IMPRESSION.

LA peinture, tant en huile qu'en détrempe, sera mesurée au
mètre de surface, suivant son existence en œuvre, tant sur les
murs que sur les menuiseries, sans développement des moulures, excepté quand lesdites moulures excéderont trois centimètres de saillie.

Les corniches seront développées suivant leurs profils.

Les bois feints et les différens marbres feints, seront mesurés
de même au mètre de surface, y compris les couches de fond,
soit en détrempe ou en huile, lesquelles font partie de leurs prix.

Grattage.

Grattage au vif sur mur et plafond, pour enlever la vieille
peinture, le mètre superficiel sera payé . . . . _______ 0 [f] 16 [c]

Grattage au vif sur la menuiserie, le mètre de surface sera
payé . . . . _______ 0 32

Lessivage.

Lessivage à l'eau seconde, le mètre de surface sera payé. _______ 0 26

Echaudage.

A une couche, le mètre de surface sera payé . . . . _______ 0 05
A deux couches . . . . _______ 0 10
A trois couches . . . . _______ 0 15

Blanc de détrempe pour plafond.

A une couche, le mètre de surface sera payé . . . . _______ 0 12

K

A deux couches . . . . 0 — 20

A trois couches . . . . 0 — 28

Gris et blanc en détrempe , à bonne colle, sur murs et cloisons.

A une couche , le mètre de surface sera payé . . . . . 0 — 16

A deux couches. . . . . 0 — 30

A trois couches . . . . 0 — 40

Couleur de pierre , à bonne colle , sur murs et cloisons.

A une couche , le mètre de surface sera payé . . . . 0 — 20

A deux couches . . . . 0 — 32

A trois couches . . . . 0 — 42

Blanc mat.

Le blanc mat à trois couches , compris une couche d'encollage à cru sur les bois , le mètre de surface sera payé . 0 — 40

Idem , à quatre couches. . . . . 0 — 50

Blancs d'apprêt. -

Ceux composés d'une couche d'encollage et de deux couches
de fond , poncées et adoucies, le mètre de surface sera payé. 0 — 58

Ceux composés d'une couche d'encollage, trois couches de
fond , poncées et adoucies , le mètre de surface sera payé. 0 — 70

Détrempe vernie.

Celle ordinaire à 9 couches , dont une d'encollage , trois
couches de fond, poncées et adoucies , deux couches de teinte,
une couche d'encollage pour recevoir le vernis, et deux couches de vernis , le mètre de surface sera payé. . . . . 2 — 10

Détrempe vernie , dite Chipolin.

Cette peinture , lorsqu'elle est bien faite , est composée de quinze couches; savoir : quatre couches d'encollage , sept de fond , poncées et adoucies , deux couches de teinte et deux de vernis , le mètre de surface sera payé. . . . .   ———3ᵉ 16

Marbres feints en détrempe.

Marbre feint en détrempe et verni , le mètre superficiel sera payé . . . .   ——— 4 — 20

Granit feint en détrempe et verni, le mètre de surface sera payé . . . .   ———3 — 15

Pierre en détrempe , avec joints d'appareils figurés sans frottis, le mètre de surface sera payé . . . .   ——— 1 — 54

Pierre en détrempe , avec joints ombrés et éclairés , avec frottis , le mètre de surface sera payé . . . .   ——— 1 — 94

Brique en détrempe, avec joints, le mètre de surface sera payé . . . .   ———3 — 15

Dorure.

Le mètre de surface de dorure en bel or , taillé , y compris reparure , sera payé . . . .

Le mètre de surface de dorure en bel or uni , bruni , sera payé . . . .

Menus ouvrages en détrempe.

Panneau feint en détrempe , d'environ deux mètres de pourtour . . . .   ———0 60

Moulures imitant les cymaises , de 54 millimètres de profil, le mètre linéaire sera payé . . . .   ———0 — 40

Celle de 8 centimètres de profil . . . .   ———0 60

Filet simple à une seule teinte, le mètre linéaire sera payé.   0 — 15

Filet à deux ou trois teintes ombrées et éclairées, le mètre linéaire sera payé. . . . .   0 — 30

Contre-cœur de cheminée en grisaille. . . . . .   0 — 15

Contre-cœur de cheminée en mine de plomb, compris retours de grandeur commune. . . . .   5 —

Ou le mètre de surface. . . . .   2 — 40

Le kilogramme de mastic à la colle, sera payé. . .   4 — 80

PEINTURES A L'HUILE.

Couleur olive, jaune et rouge.

A une couche, le mètre de surface sera payé. . .   0 — 42

A deux couches. . . . .   0 — 76

A trois couches. . . . .   1 — 05

Couleur d'ardoise, gris et blanc de céruse.

A une couche, le mètre de surface sera payé. . . .   0 — 47

A deux couches. . . . .   0 — 85

A trois couches. . . . .   1 — 15

Vert à l'huile.

Vert pour treillages et autres, à l'huile, trois couches, dont une olive et deux de vert, le mètre de surface sera payé.

Gris et blanc de céruse à l'huile et verni.

A deux couches, le mètre de surface sera payé. . .   1   60

A trois couches poncées, adoucies et vernies, le mètre de surface sera payé.   2   40

Marbres feints à l'huile.

Marbre à l'huile, bien fait, compris trois couches de fond et
verni, le mètre de surface sera payé . . . . ———— 5 — 0

Bois feints, imitant le bois d'acajou, bois satinés et autres,
à l'huile, bien faits, y compris trois couches de fond et vernis,
le mètre de surface sera payé . . . . ———— 4 — 60

Granit feint à l'huile, bien fait, y compris trois couches
de fond et verni, le mètre de surface sera payé . . . . ———— 4 — 20

Couleur de pierre à l'huile, à trois couches, avec joints d'appareils figurés sans frottis, le mètre de surface sera payé . ———— 2 — 40

Couleur de pierre à l'huile, à trois couches, avec joints d'appareils ombrés et éclairés, avec frottis, le mètre de surface
sera payé . . . . ———— 2 — 80

Carreaux et Parquets.

Carreau et parquet, peint en rouge ou jaune, à trois couches, la première et la dernière en détrempe, et la seconde à
l'huile, encaustiqué et frotté, le mètre de surface sera payé. ———— 0 — 75

Menus ouvrages à l'huile.

Plinthes en marbre, à l'huile et vernies, le mètre linéaire
sera payé . . . . ———— 0 — 75

Plinthes couchées en fond de marbre à l'huile non vernies. ———— 0 — 35

Chambranle de cheminée, peint en marbre, à l'huile et
verni . . . . ———— 10 — 0

Lettre depuis 54 millimètres et compris 11 centimètres,
peinte à l'huile . . . . ———— 0 — 20

Pièce de ferrure, peinte en noir, au vernis . . . . . . ———— 0 — 10

Panneau feint à l'huile, d'environ 2 mètres de pourtour. ———— 0 — 80

Moulures imitant les cymaises, de 54 millimètres de profil,
le mètre linéaire sera payé . . . . ———— 0 — 45

Celles de 8 centimètres de profil. . . . .   — o — 70

Filet simple, le mètre linéaire sera payé. . . . . .   — o — 20

Filet à deux ou trois teintes ombrées et éclairées, le mètre linéaire sera payé. . . . .   — o — 40

Le kilogramme de mastic à l'huile sera payé . . . . .   — 1 — 60

Journée de compagnon peintre, compris bénéfice. . .   — 4 —

PLOMBERIE.

Le kilogramme de plomb neuf, laminé d'une ligne, et d'une ligne et demie d'épaisseur, sera payé, compris la pose . ————— o 88

Le kilogramme de plomb neuf, coulé sur sable, de même épaisseur que celui ci-dessus, sera payé, compris la pose . ————— o 8C

Le kilogramme de soudure ordinaire, fournie et employée, sera payé. . . . . ————— 2 C)

Le kilogramme de soudure ordinaire, sans être employée, sera payé. . . . . ————— 2 2 5

Le kilogramme de vieux plomb pour fonte, façon, transport et pose, sera payé . . . . ————— o 21

Le kilogramme de plomb donné en compte au plombier. ————— o 65

Le kilogramme de plomb pour pose seulement, sera payé. ————— o o8

Chaque collet en mastic sera payé . . . . ————— 2 25

La journée de compagnon plombier sera payée . . . ————— 4 25

La journée de garçon plombier sera payée . . . . . ————— 2 25

OBSERVATION.

Les plombiers ne confondront plus les journées de compagnons et celles de garçons avec la fourniture du charbon, mais ils feront un article séparé de chaque objet.

VITRERIE.

VITRERIE.

Verre d'Alsace, de bonne qualité, posé en mastic.

S A V O I R :

Le mètre superficiel de verre, *idem*, de petite mesure jusqu'à
65 centimètres à l'équerre, sera payé. . . . . — — 7 — 12
 Idem, de 88 centimètres à l'équerre. . . . . ——— 9 — 18
 Idem, de 1 mètre 14 centimètres à l'équerre . . . . . . ———11 — 40
 Idem, de 1 mètre 25 centimètres à l'équerre . . . . . ——— 18 30
 Idem, de 1 mètre 30 centimètres à l'équerre . . . . — — 14 22
 Idem, de 1 mètre 54 centimètres à l'équerre . . . . . — — 17 — 06

O B S E R V A T I O N .

S'il se trouve des verres de grandeur différente que celle indiquée ci-dessus, on y mettra des prix intermédiaires entre les
deux dimensions auxquelles ils auront rapport.

Verre blanc, au paquet.

Le verre blanc de bonne qualité, de toutes dimensions, bien
posé en mastic à l'huile, sera réduit au paquet suivant le ta-
rif, et payé pour chaque paquet, y compris fourniture de
mastic, risque et pose . . . . ——— 28 ———

R É P A R A T I O N S .

Carreau de petites mesures jusqu'à 1 décimètre de surface.

 Nettoyé seulement, sera payé. . . . . ——— 0 — 03
 Idem, mastiqué en partie. . . . . ——— 0 — 05

L

Idem, mastiqué entièrement . . . . — 0 — 12

Idem, démastiqué seulement . . . . — 0 — 10

Idem, reposé et mastiqué . . . . — 0 — 22

Idem, coupé, posé et mastiqué . . . . — 0 — 15

Carreau depuis 1 décimètre de surface jusqu'à 2 décimètres.

Nettoyé seulement, sera payé . . . . — 0 — 6

Idem, mastiqué en partie. . . . . — 0 — 16

Idem, mastiqué entièrement . . . . — 0 — 20

Idem, démastiqué seulement . . . . — 0 — 12

Idem, reposé et mastiqué . . . . — 0 — 32

Idem, coupé, posé et mastiqué . . . . — 0 — 24

Carreau depuis 2 décimètres de surface jusqu'à 3.

Nettoyé seulement, sera payé . . . . — 0 — 9

Idem, mastiqué en partie. . . . . — 0 — 15

Idem, mastiqué entièrement . . . . — 0 — 25

Idem, démastiqué seulement . . . . — 0 — 15

Idem, reposé et mastiqué . . . . — 0 — 44

Idem, coupé, posé et mastiqué . . . . — 0 — 30

Carreau depuis 3 décimètres de surface jusqu'à 4.

Nettoyé seulement, sera payé . . . . — 0 — 12

Idem, mastiqué en partie . . . . — 0 — 20

Idem, mastiqué entièrement . . . . — 0 — 35

Idem, démastiqué seulement . . . . — 0 — 20

Idem, reposé et mastiqué . . . . — 0 — 55

Idem, coupé, posé et mastiqué . . . . — 0 — 45

Carreau depuis 4 décimètres de surface jusqu'à 5.

Nettoyé seulement, sera payé . . . . — 0 — 15

Idem, mastiqué en partie. . . . . — 0 — 25

Idem, mastiqué entièrement . . . .

Idem, démastiqué seulement . . . .

Idem, reposé et mastiqué . . . .

Idem, coupé, posé et mastiqué . . . .

Glaces nettoyées sur place.

Celle de 5 décimètres de surface, sera payée . . . . .

Idem, de 1 mètre de surface . . . .

Idem, de 1 mètre 5 décimètres de surface . . . . .

Idem, de 2 mètres de surface . . . .

Le kilogramme pesant de mastic à l'huile, sera payé . .

La journée d'ouvrier, compris bénéfice, sera payée . .

CARRELAGE.

Sous les 6 derniers
mois de l'an 9

Carreaux neufs.

Le mètre superficiel de grand carreau neuf de terre cuite, hexagone, posé à plâtre pur, sera payé. . . . . . . ________ 2 ͬ __ho

Le mètre superficiel de petit carreau neuf de terre cuite, *idem*, sera payé. ________ 1 __85

Le mètre superficiel de grand carreau carré, pour les âtres, posé aussi à plâtre pur, sera payé. . . . . ________ 3 15

Chaque âtre, carrelé en grands carreaux d'âtre, sera payé ________ 3 __50

Chaque grand carreau neuf, posé avec plâtre en recherche, sera payé. . . . . ________ 0 __12

Chaque petit carreau neuf, posé, *idem*, sera payé. . ________ 0 __7.

Chaque grand carreau d'âtre neuf sera payé. . . . ________ 0 __15

Carreaux vieux.

Le mètre superficiel de grand carreau vieux, posé à plâtre pur, sans décrottage, sera payé. . . . . ________ 0 __80

Le mètre superficiel de petit carreau vieux, posé, *idem*, sans décrottage, sera payé. . . . . ________ 0 __80

Chaque grand carreau vieux, posé en recherche, sera payé. . . . . ________ 0 __08

Chaque petit carreau vieux, posé en recherche, sera payé ________ 0 __05

Journées.

La journée de carreleur, compris bénéfice, sera payée ________ 3 __75

La journée de garçon, compris bénéfice, sera payée. . ________ 2 __0

MARBRERIE.

Carreaux en pierre de liais, avec petits carreaux de marbre noir.

Le mètre de surface de carreau de 16 centimètres, sera payé. . . . . 12 — 6 t.

Idem, de 19 centimètres. . . . .

Idem, de 22 centimètres. 11   8 s

Idem, de 24 centimètres. 10   5 t

Idem, de 27, 30 et 32 centimètres. 9   4 s

Dalles en pierre de liais.

Le mètre de surface de dalle de 4 centimètres d'épaisseur, coulée en plâtre, y compris la pose, sera payé. . . . . 9 — 4 s

Idem, de 54 millimètres d'épaisseur. . . . . 11 — 0 t

Idem, de 7 centimètres d'épaisseur. . . . . 11 — 8 s

Idem, de 8 centimètres d'épaisseur. . . . . 12 — 6 t

Joints en mastic.

Le mètre courant de joint sera payé. . . . . 0 — //

Chambranles en pierre de liais.

Chaque chambranle de cheminée en pierre de liais, depuis un mètre, et compris 1 ^{m}. 21 ^{c}. dans œuvre des jambages, y compris fourniture de huit agrafes et la pose, sera payé. —— 16 —

Lorsque les tablettes des susdits chambranles seront en marbre, il sera déduit sur la valeur du chambranle la somme de. . —— 3 —

Le mètre superficiel de tablette en marbre de Flandre, de

27 millimètres d'épaisseur, soit en marbre rouge ou de Ste.-Anne, sera payé. . . . .

Chambranles en marbre de Flandre.

Chaque chambranle en marbre de Flandre uni, dit *à la capucine*, d'un mètre dans œuvre sans foyer, y compris fourniture d'agrafes et pose, sera payé. . . . .

Le mètre superficiel de foyer desdits chambranles, sera payé. . . . .

Chaque chambranle en marbre, *idem*, de 1 m. 21 c. dans œuvre, sera payé. . . . .

Idem, avec moulures d'encadrement. . . . . . .

Idem, avec astragale couronnant les consoles, le reste sans moulures, sera payé. . . . .

Idem, avec astragales, et orné de moulures, sera payé.

Chambranles en marbre blanc veiné.

Chaque chambranle en marbre blanc veiné, uni, dit *à la capucine*, les consoles, traverse et tablette de 27 millimètres d'épaisseur, d'un mètre de large dans œuvre, sans foyer, sera payé. . . . .

Idem, avec moulures d'encadrement. . . . .

Idem, uni, de 1 m. 21 c. dans œuvre. . . . .

Idem, avec moulures d'encadrement. . . . .

Le mètre superficiel de foyer en marbre blanc veiné, sera payé. . . . .

Les chambranles unis, et ceux avec moulures d'encadrement, en marbre bleu turquin, griotte d'Italie, brocatelle, brèche violette et sérancolin, seront payés le même prix.

Chambranles ornés de moulures.

Chaque chambranle de forme ancienne, tels que ceux à cannelures

nelures sur les consoles et tuyaux par le bas, tables renfoncées sur les traverses, avec rosaces sculptées au-dessus des consoles, ou cannelures dans le surplus de la traverse, soit en marbre blanc veiné, bleu turquin et autres détaillés ci-dessus, de 1 m. 41 c. à 1 m. 62 c. hors œuvre des consoles sans foyer, sera payé . . . . ——— 100 ———

Le mètre superficiel de foyer en marbre, *idem*, sera payé ——— 95 ———

Le mètre superficiel de tablette de marbre blanc veiné, bleu turquin, griotte d'Italie, etc., sera payé. . . . . . . ——— 114 ———

Cuvettes pour siéges d'aisances, en marbre de Flandre, de Dinan.

Chaque cuvette en marbre de Dinan, d'un mètre de long sur 44 centimètres de large, et 44 centimètres de haut, refouillée et polie à l'intérieur et dessus, avec un trou, sera payée. . ——— 12 ———

Pots en marbre, idem.

Chaque pot en marbre de 44 à 48 centimètres de long sur 32 à 38 centimètres de large, et 44 centimètres de haut, refouillé et poli, *idem*, sera payé. . . . . ——— 10 ———

Taille, sciage et polissage des marbres d'Italie, tels que blanc veiné, statuaire, bleu turquin, griotte, et autres marbres tendres.

Le mètre superficiel de trait de scie desdits marbres, sera payé. . . . . ——— 13 — 54

Le mètre superficiel de taille brute, sera payé. . . . ——— 11 — 85

Le mètre superficiel de taille de moulures, sans polissage, sera payé. . . . . ——— 18 — 76

Le mètre superficiel de polissage desdits marbres, sera payé. . . . . ——— 9 — 44

M

Taille, sciage et polissage des marbres durs d'Italie et de
Flandre.

Le mètre superficiel de trait de scie desdits marbres, sera
payé. . . . . —— -15 —65
Le mètre superficiel de taille brute. . . . . ——-14 —22
Le mètre superficiel de taille de moulures, sans polissage,
sera payé. . . . . —— 23 —71
Le mètre superficiel de polissage desdits marbres, sera
payé. . . . . —---11 --85

Taille, sciage et polissage des marbres très-durs d'Italie.

Le mètre superficiel de trait de scie desdits marbres, sera
payé. . . . . ——18 96
Le mètre superficiel de taille brute, sera payé. . . . . . 18 —96
Le mètre superficiel de taille de moulures, sans polissage,
sera payé. . . . . ——-28 15
Le mètre superficiel de polissage desdits marbres, sera payé . —. 11 22

Journées.

Chaque journée de compagnon marbrier, sera payée. . ------3 —75
Chaque journée de garçon. . . . . -- 2 25

POÊLERIE.

Nota. Ces prix sont établis pour les poêles des meilleures fabriques de Paris, en beaux carreaux de faïence ou de biscuit, solidement construits et proprement exécutés.

L'ON distingue quatre sortes de poêles ;

SAVOIR:

Les poêles appelés *de numéros*.
Ceux à petits et grands tiroirs.
Ceux ronds et portatifs.
Ceux construits sur place,

POÊLES DE NUMÉROS.

N°. 1 ou 15.

Ce poêle est composé d'une tablette et de sept carreaux de faïence, retenus par un cercle de tôle avec sa vis, monté sur un châssis de fer à quatre pieds, avec carcasse, une feuille de tôle pour foyer, une porte en tôle, montée sur son châssis simple en fer, pentures, loquet et mentonnet ; il a 35 centimètres de face, sur 44 centimètres de profondeur, mesuré sur la tablette, et 49 centimètres de haut, sans les pieds : il sera payé, y compris transport. . . . . ———— 20 ——0

Le même, avec four et porte garnie de ses ferrures, sera payé. . . . . ———— 22 —50

N°. 2 ou 18.

Même construction que le précédent ; il a 38 centimètres

M 2

de face, sur 49 centimètres de profondeur, mesuré sur la tablette, *id.*, et 52 centimètres de hauteur, sans les pieds. . ———— 25

Le même, avec un four. . . . . ———— 24

N°. 3 ou 20.

Même construction; il a 42 centimètres de face, sur 53 centimètres de profondeur, et 58 centimètres de hauteur, mesuré, *idem* . . . . ———— 27

Le même, avec un four. . . . . ———— 30 50

N°. 4 ou 24.

Même construction; il a 45 centimètres de face, sur 60 centimètres de profondeur, et 60 centimètres de hauteur. . . ———— 31

Le même avec un four ———— 35

N°. 5 ou 30.

Sa construction diffère de celle des précédens; elle est généralement plus forte.

Il est composé de onze pièces et d'une tablette en faïence, retenues par trois cercles de tôle et leurs vis, une porte en tôle, montée sur un châssis simple en fer avec ses ferrures, une ventouse à coulisse, le tout monté sur un châssis en fer à quatre pieds, une carcasse intérieure à deux cintres, une plaque de tôle pour foyer; il a 52 centimètres de face, sur 68 centimètres de profondeur, mesuré sur la tablette, et 68 centimètres de hauteur, sans les pieds. . . . . ———— 40

Le même, avec un four. . . . . ———— 45

N°. 6 ou 36.

Composé de même que le précédent; il a 54 centimètres de face, sur 69 centimètres de profondeur, et 70 centimètres de hauteur, sans les pieds . . . . ———— 48

Le même, avec un four. . . . . ———— 54

(93)

Observation sur les susdits poêles.

Chaque fabricant de poêle ayant ses numéros différens, il est nécessaire, lors de la vérification, de prendre les dimensions des susdits poêles, de la manière indiquée ci-dessus.

POÊLES A TIROIRS.

On les nomme ainsi, parce que les pièces de faïence dont ils sont formés, sont à panneaux en forme de tiroir.

Ils sont ordinairement composés d'une tablette et de quinze carreaux de faïence en mosaïque, retenus par quatre cercles de tôle et leurs vis, construits sur un châssis de fer à quatre pieds, une carcasse intérieure à deux cintres aussi en fer, un foyer en tôle carrelé en tuile, et trois côtés garnis de brique, une porte et sa ferrure, montée sur un châssis de fer et ventouse à coulisse.

Ceux n°. 7 ou 42, dits *à petits tiroirs*, de 65 centimètres de face, sur 81 centimètres de profondeur, mesurés sur la tablette, et 73 centimètres de hauteur, non compris les pieds, estimés en considération de la force des armatures . . . —— 66 ——

Ceux n°. 8 ou 48, dits *à grands tiroirs*, de 70 centimètres de face, sur 97 centimètres de profondeur, et 81 centimètres de haut. . . . . —— 80 ——

Nota. Les dimensions de ces poêles en fixeront toujours la valeur, sans avoir égard à la quantité de carreaux.

POÊLES RONDS PORTATIFS.

La progression de ces poêles est de 8 centimètres en 8 centimètres sur leur diamètre, et d'un carreau par assise; ainsi c'est leur diamètre et la quantité des carreaux qui doivent servir de base pour en établir les prix.

Ils sont construits en carreaux de faïence à mosaïque et à rosaces, entourés de trois cercles de cuivre avec leurs vis, montés sur un châssis circulaire en fer à trois pieds, une carcasse intérieure à deux cintres et une traverse, une porte en tôle avec ventouse à coulisse et ses ferrures, montée sur un châssis en fer, et une tablette en marbre de Flandre.

Ceux de 40 centimètres de diamètre, mesurés au plus large de la corniche, et de 54 centimètres de haut sous la tablette, composés de trois assises de carreaux sur la hauteur, offrent six carreaux par assise; ce qui fait en totalité dix-sept carreaux, déduction faite d'un carreau pour la place de la porte : on les estime, y compris la tablette de marbre de Flandre . . .   — 70 — 0

Ceux de 48 centimètres de diamètre, sur 60 centimètres de haut, mesurés, *idem*, sont aussi composés de trois assises sur la hauteur, de chacune 7 carreaux, ensemble 20 pièces, déduction faite d'une pour la place de la porte, avec la tablette de marbre de Flandre, et la porte. . . . .   — 80 — 0

Ceux de 56 centimètres de diamètre, et de 65 centimètres de haut, sont composés de trois assises, de chacune 8 carreaux, faisant 23 pièces, déduction faite, *idem*, avec tablette de marbre de Flandre, et porte. . . . .   — 100 — 0

Ceux de 64 centimètres de diamètre, et de 70 centimètres de haut, sont composés de trois assises, de chacune 9 carreaux, ensemble 26 pièces, déduction faite, *idem*, avec tablette de marbre de Flandre, et porte. . . . .   — 120 — 0

Ceux de 72 centimètres de diamètre, sur 75 centimètres de haut, sont composés de trois assises, de chacune 10 carreaux, ensemble 29 pièces, déduction faite, *idem*, avec tablette de marbre de Flandre. . . . .   — 130 — 0

Nota. Quand ces poêles seront garnis dans l'intérieur, on ajoutera une plus-valeur, suivant la nature de la garniture.

L'on construit quelquefois de ces poêles en biscuit uni, à

mosaïque, ou en carreaux de faïence , émaillés de couleurs;
comme la différence ne porte que sur la valeur des carreaux ,
il sera facile de les apprécier , d'après le tableau ci-après.

POÊLES CONSTRUITS SUR PLACE.

Il y en a de trois espèces différentes pour les constructions
intérieures.

La première espèce est en brique, de 5 centimètres , avec
un plancher supérieur en tuile sur traverses de fer , le foyer
en tôle.

La seconde est en brique , de 10 centimètres , avec plaque
de fonte au plancher supérieur, et les carreaux garnis en brique,
ainsi que le fond.

La troisième est en armature de plaque et tuyaux de
fonte.

Mais comme ces poêles sont toujours construits de différentes
formes et différentes dimensions, soit en biscuit, faïence unie ,
ou à mosaïque , carrée ou circulaire , on ne peut en fixer la
valeur , qu'après avoir examiné la nature et la quantité des
pièces qui les composent ; en conséquence nous avons dressé
le tableau de toutes ces pièces.

Tableau des pièces qui servent à la construction des poêles ;

S A V O I R :

Carreaux à mosaïque.

	En faïence blanche.		En biscuit.		En faïence émaillée de couleurs.	
	carrés.	circulaires	carrés.	circulaires	carrés.	circulaires
De 19 cent. sur 19	1f 75	2f 0	1f 0	1f 20	3f 50	3 75
De 22 cent. sur 22	2 —	2 25	1 10	1 30	4 —	4 25
De 24 cent. sur 24	2 25	2 50	1 25	1 40	4 50	4 75
De 27 cent. sur 27	2 50	2 75	1 40	1 65	5 0	5 25
De 32 cent. sur 32	2 75	3 0	1 55	1 80	5 50	5 75

Carreaux à mosaïques et à rosaces.

	carrés	circulaires	carrés	circulaires	carrés	circulaires
De 19 cent. sur 19	2f 15	2f 40	1f 20	1f 45	4f 30	4f 55
De 22 cent. sur 22	2 40	2 65	1 30	1 55	4 80	5 05
De 24 cent. sur 24	2 65	2 90	1 45	1 70	5 30	5 55
De 27 cent. sur 27	2 90	3 15	1 60	1 85	5 80	6 05
De 32 cent. sur 32	3 15	3 40	1 70	2 0	6 30	6 55

Carreaux à compartimens, à rosaces et ornemens.

	carrés	circulaires	carrés	circulaires	carrés	circulaires
De 19 cent. sur 19	2f 55	2f 80	1f 40	1f 65	5f 10	5f 35
De 22 cent. sur 22	2 80	3 05	1 50	1 75	5 60	5 85
De 24 cent. sur 24	3 10	3 30	1 65	1 90	6 10	6 35
De 27 cent. sur 27	3 30	3 55	1 70	2 05	6 12	6 85
De 32 cent. sur 32	3 55	3 80	1 90	2 20	7 0	7 35

Tuyaux

Tuyaux en faïence pour colonnes.

Ceux unis sans bandeau, de 16 centimètres de diamètre, et de 40 à 48 centimètres de haut, seront payés . . . . . .

Idem, de 22 centimètres de diamètre . . . .

Ceux de 16 centimètres de diamètre, à bandeau, seront payés. . . . .

Idem, de 19 centimètres de diamètre . . . .

Idem, de 22 centimètres de diamètre . . . .

La base et le chapiteau comptés chacun pour un bout.

Quand les bouts de tuyaux portent base ou chapiteau, ils sont comptés pour deux bouts.

Colonnes en faïence d'un ordre d'architecture.

De 1 mètre 30 centimètres de haut, compris base et chapiteau . . . .

De 1 mètre 46 centimètres . . . .

De 1 mètre 62 centimètres . . . .

De 1 mètre 78 centimètres . . . .

De 1 mètre 95 centimètres . . . .

De 2 mètres 10 centimètres. . . . .

De 2 mètres 27 centimètres. . . . .

Celles en biscuit seront estimées la moitié de la valeur de celles ci-dessus, suivant les mêmes proportions.

Couronnemens des colonnes en faïence.

Une flamme sans socle . . . .

Idem, avec socle . . . .

Corbeille sans socle. . . . .

Idem, avec socle . . . .

Vase en faïence , ... —— 10

Et en biscuit , moitié moins.

Portes de poêle.

Porte en tôle, à porte cochère, de 27 à 33 centimètres carrés, montée sur un châssis double, en fer coulé, avec entre-
toises rivées dessus, ferrée de deux pentures et leurs gonds,
loquet garni, et ventouse à coulisse . . . . —— 16

Celle en cuivre de même mesure . . . . —— 24

Cercles pour entourer les poêles.

Le mètre linéaire de cercle en tôle ordinaire . . . . —— 0 — 62

Le mètre linéaire de cercle en tôle de Suède . . . . —— 0 — 93

Le mètre linéaire de cercle en cuivre, de 27 millimètres de
large, gratté seulement . . . . —— 1 — 54

Le mètre linéaire de cercle en cuivre poli . . . . . . —— 2 — 31

Le mètre linéaire de cercle en cuivre poli, de 34 millimètres de large , ... —— 3 — 08

Vis pour lesdits cercles.

Vis ordinaire, dite commune, avec écrou . . . . . . —— 0 — 54

Celle polie . . . . —— 0 — 75

Bouches de chaleur à charnières, en cuivre et en couleur.

Celle de 68 millimètres de diamètre, sera payée . . —— 4

Celle de 8 centimètres. . . . . —— 7

Plaques de fonte.

Le kilogramme de plaque de fonte unie, pour les foyers
des poêles, sera payé. . . . . —— 0 — 41

Le kilogramme de plaque unie, percée de trous pour recevoir les tuyaux de fonte, ainsi que lesdits tuyaux, sera payé . . . . 0 — 62

Tuyaux de tôle.

Le bout de tuyau en tôle douce, de 68 millimètres de diamètre, posé dans l'intérieur des poêles, et correspondant aux bouches de chaleur, sera payé . . . . 1 — 0

Le bout de tuyau extérieur en tôle, de 9 à 11 centimètres de diamètre . . . . 1 — 20

Celui de 12 centimètres de diamètre . . . . 1 — 35

Celui de 14 centimètres . . . . 1 — 40

Celui de 16 centimètres . . . . 1 — 50

Celui de 27 centimètres . . . . 3 — 0

Bouts de tuyaux à soupape, coudes, mitres et T en tôle.

Le bout de tuyau, avec soupape ordinaire, sera compté pour deux bouts, compris le tuyau . . . .

Ceux avec soupape et bouton à olive poli pour colonne, seront comptés pour trois bouts . . . .

Les coudes jusqu'à 11 centimètres de diamètre, pour un bout . . . .

— Ceux au-dessus, pour deux bouts. . . . .

Les mitres en tôle, pour deux bouts . . . .

Les champignons, avec trois branches de fer et le tuyau, seront comptés pour trois bouts . . . .

T à débouchure, jusqu'à 16 centimètres de diamètre, pour trois bouts. . . . .

Ceux au-dessus, pour quatre bouts. . . . .

Le T abat-vents, pour trois bouts . . . .

Terre, brique et tuile.

Le sac de terre franche, pour construire les poêles, sera payé . . . .

Le millier de tuile de Bourgogne, y compris voiture et bénéfice, sera payé. . . . .

Le millier de brique de pays, *idem* . . . .

Cendriers en tôle, pour les poêles de numéros.

Ceux pour le n°. 1, seront payés . . . .

Ceux pour le n°. 2. . . . .

Ceux pour le n°. 3. . . . .

Ceux pour le n°. 4. . . . .

Ceux pour le n°. 5. . . . .

Ceux pour le n°. 6. . . . .

Cheminée accommodée pour remédier à la fumée, avec tambour double et ventouse, goussets intérieurs, languette intérieure dans la hauteur du tuyau, sera payée . . . . .

Celle faite de même, mais sans languette, sera payée.

Le ramonage d'une cheminée, sera payé . . . .

Chaque mitre en plâtre, posée sur les fermetures des cheminées, sera payée . . . .

Journées.

La journée d'un compagnon poêlier ordinaire, y compris bénéfice, sera payée . . . .

Celle d'un garçon poêlier, sera payée . . . .

Il y a des journées de compagnons poêliers très-intelligens, qui pourront être payées . . . .

PAVÉS DE GRÈS

MESURÉS AU MÈTRE DE SURFACE.

Gros pavés neufs.

Le mètre de surface de pavé, *idem*, de 19 centimètres à 22 centimètres d'échantillon, posé à sable sur une forme de sable, non compris la fouille de l'encaissement, sera payé . . . . 6 — 85

Le mètre de surface de gros pavés, remanié à sable, sera payé 1 32

Pavés fendus en deux, posés en mortier de chaux et ciment, sur une forme de sable.

Le mètre de surface de pavé neuf, fendu en deux, et posé en mortier de chaux et ciment, sur une forme de sable, sera payé . . . . 5 — 66

'Le mètre de surface de pavé, fendu en deux, remanié en mortier de chaux et ciment, sera payé . . . . 2 — 10

Pavés, idem, posés en mortier de chaux et sable.

Le mètre de surface de pavé neuf, *idem*, sera payé . . . . 3 —

Le mètre de surface de pavé, *idem*, remanié, sera payé . . 1 54

Pavés, idem, posés en salpêtre.

Le mètre de surface de pavé neuf, fendu en deux, posé en salpêtre, sur une forme de sable, sera payé . . . . . 4 — 18

Le mètre de surface de pavé, *idem*, remanié en salpêtre, sera payé . . . . 0 — 92

Fournitures et réparations.

Chaque gros pavé neuf, fourni en réparation, sera payé. $0^s \cdot 30^c$
Chaque pavé neuf, fendu en deux, fourni, *idem* . . $0 \cdot 14$
La journée d'un compagnon paveur, sera payée . . . $3 \cdot 50$
La journée de garçon, sera payée . . . . $2 \cdot 25$

F I N.